Le guide le plus rapide
pour devenir un expert de vin

葡萄酒达人养成手册

dr.wine

酒博士◎著

中国纺织出版社

图书在版编目（CIP）数据

葡萄酒达人养成手册 / dr.wine 酒博士著．—北京：中国纺织出版社，2016.10（2024.2重印）

ISBN 978-7-5180-3034-7

Ⅰ．①葡… Ⅱ．①d… Ⅲ．①葡萄酒－基本知识 Ⅳ．①TS262.6

中国版本图书馆 CIP 数据核字（2016）第 236355 号

策划编辑：陈　芳　　　　责任印制：储志伟

中国纺织出版社出版发行
地址：北京市朝阳区百子湾东里 A407 号楼　邮政编码：100124
销售电话：010 — 67004422　传真：010 — 87155801
http://www.c-textilep.com
E-mail: faxing@c-textilep.com
中国纺织出版社天猫旗舰店
官方微博 http://weibo.com/2119887771
北京兰星球彩色印刷有限公司印刷　各地新华书店经销
2016 年 10 月第 1 版　2024年2月第2次印刷
开本：889×1194　1 / 32　印张：7.5
字数：85 千字　定价：68.00 元

凡购本书，如有缺页、倒页、脱页，由本社图书营销中心调换

《葡萄酒达人养成手册》编委会

主　编：张小雨

执　笔：朱雅琳　　魏梦鸽

编委会：

熊三木　金　耘　辛　华　李　婉　尹伊君
陈琪卿　徐玹拉　花　卉　乐美园　王　奕
高唯斌　吴雪霏　李文娟　陆亚军　郭　翔
陈　超　陈　伟　陈　莉　尹梦龙　颜君豪
方世向　李宇科　宋杨欢　张　朋　钱燕燕
宗晓龙　史婧琳

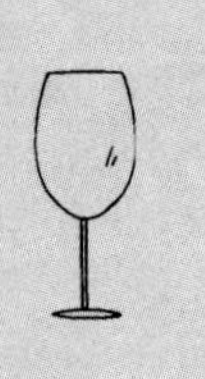

序言

葡萄酒世界最快的小确幸

负责整理此书的同事，起书名时，有个叫做《葡萄酒达人养成手册》。不管最后有没有采用，我在公司明道系统上建议她，加上“最快”两个字，变成《葡萄酒达人最快养成手册》。

我一直讨厌这个时代流行的那些虚张声势。但是，我们终于还是变成，我们讨厌的那个样子。

从常识上讲，只要“最快”可以得到的，都是价值不大的，这我当然知道；读者想一想，也能知道，比如“最快掌握 10000 单词法”、“最快减肥法”。

单词和脂肪正好相反，一个是得到难忘记容易，一个是得到很容易失去它极其难。但常识告诉我们，世间是没有“最快”解决这两个挑战的捷径的。但是，人们即使不相信，也愿意听到。

dr.wine 这个团队，做葡萄酒应用，是个典型的“慢公司”，在这个大干快上的互联网时代，显得有点落伍。好在时间长了，也习惯了，也明白了，有些事情，真还不能“最快”，或者这个“最快”需要合理比较对象。

我们讲述 dr.wine 何以诞生的故事，是真实的。我和邻居、好友 Darkley 差不多时间喜欢上葡萄酒，但他为此学了法文，钻研葡萄酒书本，日常饮用也留心留意，加之应该是有天赋吧，很快成了圈子里的“葡萄酒达人”。每逢饮宴，关于葡萄酒，他都能说上半天来历、品评。每每看到席间人们，特别是美眉崇拜的目光，我这个小白的心，都要碎了。

我就是想“最快”“更快”成为他那样的达人，所以才商量一起做一款葡萄酒 APP，帮助像我一样的人们“扫描”酒标，知道“这瓶酒的一切”。这个发心还是挺正的吧。

大约三年过去了，通过创办 dr.wine 这个葡萄酒工具和社交 APP，我在应用内的头衔从“白丁”变成了“博士”。虽然这个博士未必有专业机构的三级四级那么过硬，但在葡萄酒的基础知识上，再也没有人敢轻视我了。目标是上，取乎于中，总算谈起葡萄酒，心中有点底气。

我们不少用户，在应用内坚持发随笔，都是关于葡萄酒的。于是，去年我们推动晓斌，把应用内的葡萄酒随笔集结成《葡萄酒 101 夜》，与赞赏社交平台合作出版。应该说，结果超过几乎所有人预期。一个算不上葡萄酒牛人的爱好者，一个从来没有写过书的音乐人，最后写出了 2015 年中文原创葡萄酒书籍销售数量第一名的成绩。

本书的内容，来源是 dr.wine 订阅号。我们的同事张小雨，牵头整理了订阅号中最关键、最有趣也是用户阅读数最高的部分文章，按照一个葡萄酒小白进阶葡萄酒达人需要程度的轻重缓急来选择编排。包括酒杯、酒瓶、酒标、香气、葡萄品种、醒酒和喝酒次序七个知识点，以及五大名庄、澳洲第一、美国第一、德国第一、智利第一、甜酒第一、香槟第一和宇宙最贵等 14 种葡萄酒。

内容极其简单。我用一句话就概括了全书内容。这仅仅是第一个特点。

阅读了文字，看了书中配图，就知道此书第二个特点—非常轻松有趣，是属于 80、90 的互联网世代的葡萄酒傻瓜书。

虽然我们已经被这个世界，污染成习惯虚张声势，然而，就这本小书，我敢保证，用大约 30 ~ 60 分钟阅读完毕，一定能达到葡萄酒“扫盲脱贫”的基本目标。从此信心满满走进葡萄酒局，再也不用妈妈担心你无知难堪丢她脸了。

这是“dr.wine 赞赏文库”的第二本书。我们与赞赏社交出版平台合作，坚持不断推出普及型葡萄酒小书的目标，和我们做 dr.wine 移动应用的发心完全一致，就是让“了解葡萄酒不那么难，不那么累，不那么久”。

这些年，我只要去台北和香港的诚品、广州和成都的方所，就会浏览所有葡萄酒书籍。也希望我们编辑推动的葡萄酒书，未来会塞满那里。

不论做一个葡萄酒移动应用、做一本葡萄酒的小书，还是喜欢葡萄酒、去了解一些知识、去喝一瓶酒，都是这个世界微小而确定的幸福吧。不管它快还是慢，醒目还是低调，都是实实在在可以自己拥有的东西。

那我们就从阅读这本书，开始葡萄酒世界最快的小确幸吧！

合鲸资本 合伙人 | dr.wine 创始人 熊三木

2016 年 4 月 9 日于熊书房

目录

葡萄酒知识

酒庄故事

葡萄酒知识

爱上葡萄酒从选对杯子开始

去西餐厅或者酒吧的时候，大家应该都被吧台后面倒吊示众的一长串杯子看懵过：乖乖，这么多形形色色形状差别还不是太大的杯子有什么用，吊在这儿给顾客们闲着没事儿玩连连看的嘛？

其实这些杯子对于品鉴葡萄酒来说是不可或缺的工具，细微的差别也体现了每个杯子不同的特点，借此能更好地品鉴出每款葡萄酒不同的典型风格。

听起来似乎高深莫测，但讲白了就像是我们生活中喝汤的瓷碗不能直接拿来吃饭是一个道理。

笛型杯（又称香槟杯）

香槟杯几乎适合所有的起泡酒，它杯身细长，使得酒液不易被氧化，一定程度保证了起泡酒的香气新鲜度。也更能够聚拢酒的香气，可以在慢啜细饮中，欣赏气泡在杯中上升的乐趣。在标准的香槟杯杯底都会有一个尖点，这样会让杯中的气泡更加丰富充盈。

白葡萄酒杯

因为白葡萄酒的最佳适饮温度较低，所以为了防止杯中葡萄酒的温度快速上升，酒杯大多都较小。长相思酒杯开口和杯肚都不大，适合香气的凝聚也淡化了酸度，霞多丽杯则在开口和杯肚上都相对宽阔一些，与霞多丽饱满芬芳的酒体相得益彰；雷司令则酒肚更高一些，杯沿稍稍外翻，有利于减慢酒液入口的缓冲速度，弱化酒液中的酸度。

波尔多杯

这种郁金香形状的高脚杯，基本适用于大多数市面上的葡萄酒，几乎就是个行业标杆一样的存在。作为波尔多产区的红酒来说，它的酸味和涩味较重，适合杯身较长且杯壁不垂直的，波尔多杯壁的弧度也正可以适度调控酒液在口里的扩散，同时较宽的杯口设计也能让我们更为完美地体会到波尔多酒渐变含蓄的香气。

勃艮第杯

勃艮第杯基本用于品尝香气细腻的黑皮诺，由

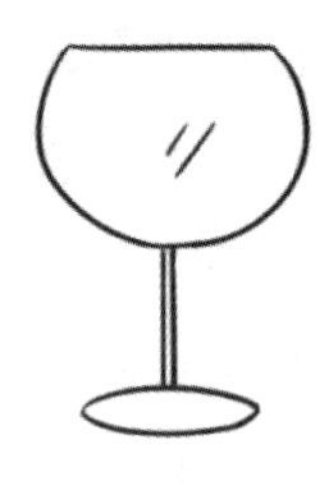

于果味特别充盈，在口中的流动幅度较大。球状杯身造型可以很好地引导杯内的红酒流向舌头中间，再慢慢地向周边扩散开来，使充沛的果味和酸味互相撞击融合；另外向内收窄的杯口能够更好地凝聚勃艮第的酒香气，让人品尝到酒液的柔润。

甜酒杯（又称加强酒杯）

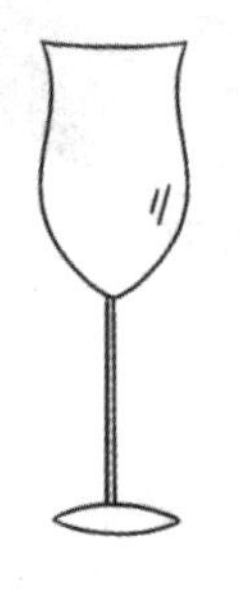

外形通常矮小，底部有短握柄，上方成圆直状，开口平直者称为Pony，多用来盛载利口酒和甜点酒；较矮小的杯体适合与甜酒如甜白、波特酒和雪利酒等搭配。外翻的杯口将酒味很好地聚集在舌尖，令果味的甘甜柔美发挥得淋漓尽致。

烈酒杯

顾名思义就是专门用来喝度数高的洋酒的，通常酒精度能在40°左右。基本上电影里出现的那种

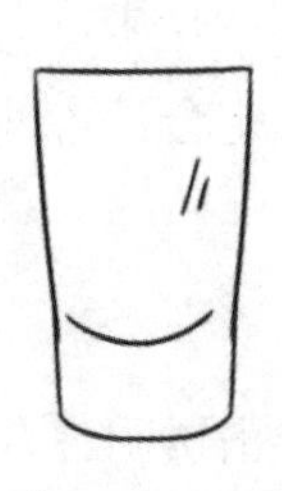

失意男主角坐在吧台前晃冰块用的就是这种杯子。酒杯个头不大，外形呈圆桶型，直接干脆非常粗犷。它的特点是杯底和杯壁不会像葡萄酒杯那么轻薄，而是带有一定的厚度。那是因为某些烈酒比如威士忌，喝的时候需要加冰的缘故，太薄的玻璃无法承受起冰块的撞击。

然而看到这里你可能要说，我又不是什么专业的品鉴大师，并不需要这么多杯子，咱们简单粗暴一点，有没有一种是可以上天入地无所不能适合轻轻松松品鉴任何葡萄酒，世称“万用杯”的东西？

答案是，当然了。

如果你不需要也记不住以上那些条条框框的东西，那不要紧，一个万用杯就能把这一切都搞定。

之所以能成为万用杯，它应该集合了各家各派大部分杯型的优点，然而也一定会具备以下几个条件。

1. 材质透明

葡萄酒酒杯的材质应当光滑透明，有些已经被制作成五光十色的充满了高科技质感的杯子就暂时不要列入考虑行列了。因为只有透明杯才能帮助我们观察酒体色泽，更清晰地了解酿酒葡萄品种和酒龄等信息。

2. 杯肚容量

杯肚足够大，闻杯中的香气是一方面，另一方面在摇杯时也可以比较尽情，不会莫名其妙地就撒了自己一身。

3. 身形高挑

之所以选择高脚杯也是因为大家的一点点强迫症，这样可以避免杯肚上出现指纹，有碍瞻观又会影响对酒体颜色的观察。然而更重要的是避免了手指的温度影响到杯中酒液的酒温，破坏了葡萄酒的口感。

4. 杯肚形状

标准的葡萄酒酒杯都是郁金香形的，也就是说，开口肯定要比杯肚更小，这样的造型有利于葡萄酒香气的凝聚。要是反过来杯口比杯肚还要大，那么我劝你不要考虑了，脑补一下这一画面都觉得骨骼清奇。

5. 设计简洁

建议选择最简洁的设计，所谓简洁就是经典，那些五花八门千奇百怪杯壁上还能冒出两只红黑米老鼠耳朵的杯子固然新奇，但和万用杯的距离还是相差了一条黄浦江的距离。

6. 价格适中

葡萄酒杯不管怎么说作为日常消费杯，最好还是能根据个人情况量力而行，再好的杯子都得用，如果买了个特别昂贵的品鉴杯，就此深藏在床底结束了它还没开始就陨落的职业生涯，那也划不来了。

好了，这份进阶指南就给您放在这儿了，接下来就好好研读静待时机，等待着蜕变为葡萄酒达人的那天来临吧。

你分得清一杯酒里的香气吗？

相信去过酒会的朋友们都会有这样一种体验：总有一群人手拿酒杯，穿梭在酒会的各个角落高谈阔论些自己永远听不懂的东西，诸如“这款08年的酒年轻且有活力，散发着黑醋栗以及蓝莓的新鲜果香，色泽明亮，口感丰富，单宁细腻柔顺……”

有些脑洞大的初学者大概会直接在心里吐槽：我的天，这分明一股子酒味，大哥你们是怎么假装闻出葡萄酒里的那么多种水果的？真能装，我给120分！

少年你还是太年轻了，那些大哥绝对不是装一装这么简单而已。

要知道葡萄是一种能够通过发酵和橡木桶陈酿，来改变或者增添自身香气的神奇水果。这也是为什么它能勾引到那么多追随者，前仆后继往这个坑里跳的原因。

然而你不用担心，相信在看完全文后，你也会成为一颗冉冉升起的葡萄酒新星。

红葡萄酒的酒香

红葡萄酒中有三大香气护法护体。

第一种香气是：果香

这种香气比起其他两种香味来说，相对容易辨认。因为红葡萄酒中大多都蕴含着红色和黑色水果的果香。

只要弄清楚这两种水果的香气类型，就能闻出个八九不离十来。

至于什么是红色水果，顾名思义就是有着红色表皮的一类水果，比如草莓、覆盆子、樱桃、蔓越莓和红醋栗等，这类我们都称之为红色水果。

比如法国勃艮第产区的黑皮诺，这种酒液中就带有明显的樱桃和草莓的香味。

而黑色水果通常指李子、黑醋栗、蓝莓、黑莓和桑葚等，颜色偏深的一类水果。

当一款红酒缓缓凑近你鼻尖的时候，你的心中可以回忆一下这些水果，然后气定神闲地把上述两类水果的香气描述出来，基本不会错的。

比如法国波尔多产区的赤霞珠，凑近一闻就能明显闻出浓郁的黑醋栗以及李子味道。

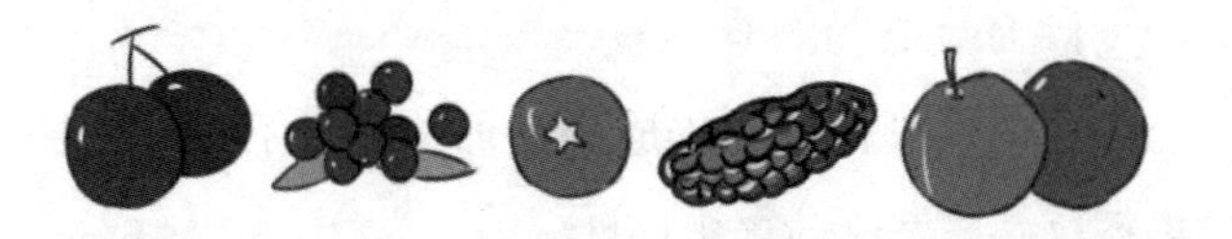

第二种香气是：花香

红葡萄酒中包含着甘菊、薰衣草、天竺葵、桂花以及茶花等花香种类，虽说听上去不是多稀有珍贵的品种，然而要能闻出这层味道并不容易，不是个大自然拥趸也得是个文艺青年，其中新西兰马尔堡黑皮诺，法国博若莱佳美，法国罗纳河谷南部歌海娜都带着玫瑰的芳香；新世界美国纳帕的黑皮诺，澳洲巴罗萨歌海娜有紫罗兰的香气。

第三种香气是：草本香

草本这种味道比较傲娇，只有在相对凉爽的气候下，才肯显露出植物本色。

例如法国波尔多产区的赤霞珠就常常带有凛冽的青椒、薄荷以及雪松的味道。

白葡萄酒的酒香

白葡萄酒香气的构成与红葡萄酒差不多，只是果香这一层要比前者更任性。

任性到什么程度呢？

可以概括为五个字：基本天注定。

你要问为什么，那是因为它的味道谁说了都不算，得要依靠当地的气候决定。

温暖点儿的地方酿造出来的白葡萄酒，明显带着种热带水果的躁动不安的味道，热情馥郁、香气四溢。

为此类地区代言的水果们分别有：菠萝、香蕉、芒果、荔枝、番石榴、木瓜、百香果等。

相对的如果来自凉爽产区的白葡萄酒，口感则内敛些许，酒体重的则会带有清新爽口的柑橘或者梨子的风味。

白葡萄酒的花香

白葡萄酒中带着明显香气的是德国摩泽尔产区的雷司令、法国卢瓦尔河产区的白诗南和澳大利亚的克莱尔山谷产区的霞多丽，它们都散发着桔梗花的香气。

白葡萄酒的草本香

白葡萄酒中的草本香气，基本被长相思垄断了，尤其是新西兰产区的长相思，常常会带着股清冽的草本味儿。

接下来是葡萄酒圈中的必备熟脸，有多熟呢，比如你去个酒会就能撞到一大半的葡萄酒品种都在下面了！

现在就错觉似乎掌握了宇宙真理的同志们，不

要高兴得太早，毕竟要再接再厉才能确保一次性到位。

典型葡萄酒的典型性酒香

赤霞珠 (Cabernet Sauvignon)

要是每个葡萄品种都能写出一本言情小说，那赤霞珠的剧本绝对就是典型的“霸道总裁爱上我”，可以说它是一款喝过之后就很难忘记的酒，它的口感就像一个狂野的男人带着掠夺性的气息逼近你，强劲的单宁、丰满的酒体，凛冽的青椒及雪松香气。它的优点和缺点一样出类拔萃让人无法拒绝，喜欢壮实单宁的人会被它迷得神魂颠倒，甚至那些喝第一口就不喜欢的也会在之后的日子被它强大的单宁存在感折服。

香气结构：

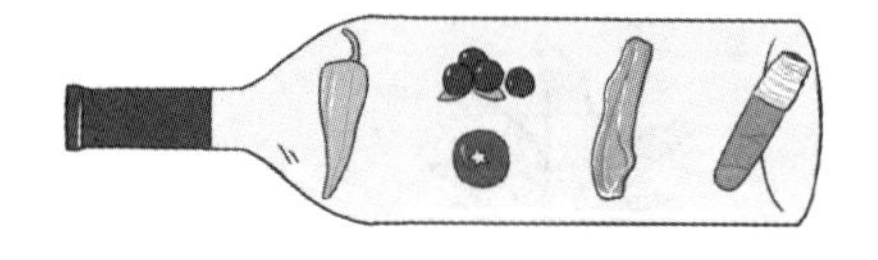

青椒→黑醋栗→培根烟熏→松露，雪茄

梅洛 (Merlot)

与赤霞珠的霸道相对起来的，梅洛简直是温柔似水，既柔软又充满果香。带着一点点涉世未深的懵懂和羞涩，你想让它成为什么样子，就可以将它塑造成什么样子。这样的梅洛让人心存怜惜，所以多数情况下它会需要一个能支撑起整个酒液架构的葡萄品种，这样它就能安心附属在对方的身边，所以梅洛多见于混酿。

香气结构：

黑樱桃→黑醋栗→李子→丁香

黑皮诺 (Pinot Noir)

物以稀为贵这个道理无论放到哪里都是适用的，那些和草一样没有人料理就能茁壮成长的葡萄品种，怎么可能得到注意。黑皮诺这方面就聪明得多，它娇贵、难种、矫情到不行，要多难伺候有多难伺候。稍微不满意就给你变成个灰皮诺，叫你空欢喜一场。然而没有一个人会不好好地耐性地将它捧在掌心等待它的成熟。只为一嗅它细腻精致的香气，一尝它丰富充实的酒质，以及那陈年后令人魂牵梦绕的皮革和菌菇类香气。

香气结构：

草莓→樱桃、覆盆子→紫罗兰、玫瑰→皮革

西拉 (Syrah)

西拉看似中规中矩，然而骨子里就是个叛逆少

年。表面上看去波澜不惊，顶着黑色水果的充盈香气蒙混得一阵好评，不过这只是冰山一角罢了。如果你愿意仔细探究，会发现它黑色成熟水果之下隐藏的野性胡椒和辛辣味道，外表冷漠内心狂野，所有不羁都隐藏在水果芳香之下。

香气结构：

红李子、樱桃酱→胡椒等辛香料→肉桂

雷司令 (Riesling)

很少有什么白葡萄品种能像雷司令这么严谨而等级分明，不过看了看它生长最多最好的地方——德意志，似乎就能明白这个中的联系。虽然雷司令是铁血的德意志血统，然而却拥有处女座般的纠结。它对栽种的地方很挑剔，最适应日照充沛的温暖地带。但奇葩的是，这货在寒冷的地带要长得更好。如果你在酒液中闻到一股子矿物味，甚至汽油、煤油的香气，那别多想了，百分之一百二是雷司令。

香气结构：

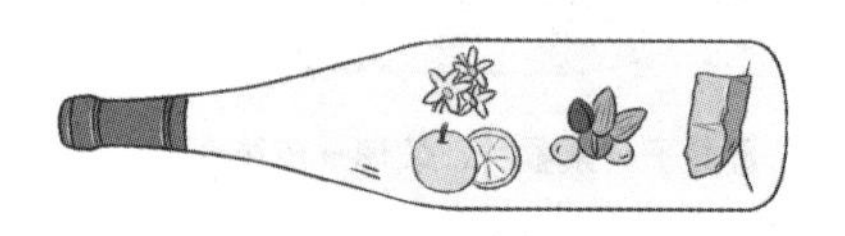

接骨木花、苹果、柠檬→坚果尤其是杏仁→打火石、煤油灯、矿物质

长相思 (Sauvignon Blanc)

别看长相思这名字典雅，实则也是个吃得了苦挨得了冻的北方大妞，它在寒冷的环境下会表现出惊人的爆发力，比如青色的植物香气和酒液的平衡都能完美到让人想痛哭流涕。它香味比较浓郁，长相思的香气有两个很明显的标签，青草味和猫尿味。可以说雷司令的汽油味和长相思的猫尿味并称为白葡萄酒界两大“走近科学”揭秘的收视率保证。长相思的经典产区是新西兰和法国桑塞尔。

香气结构：

青草、柠檬、柑橘→矿物质、湿石头→海盐、芦笋、猫尿

霞多丽 (Chardonnay)

霞多丽本身是个十分雍容的品种，不急不躁，拥有大家闺秀一般稳重优雅的香气。它会在寒冷的地方，表现出柠檬、橙子等柑橘类水果的香气，来维持她酸度的尖锐性。如果气候变暖，则会慢慢地体现出温和圆润的热带水果味道。

香气结构：

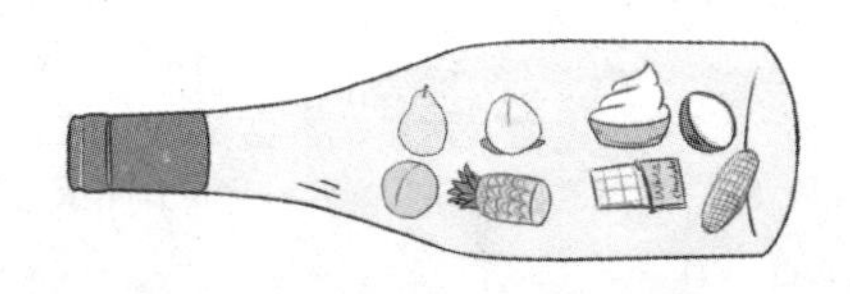

梨子、白桃、菠萝、杏→奶油、椰壳、白巧克力、甜玉米

好了,综上所述就是识别葡萄酒香气的指南了,希望大家能牢记在心,毕竟下苦功学习才能一次性装到位啊。

我听说不会醒酒的人就不会喝酒

不少朋友对于喝葡萄酒这件事想得十分简单，甚至高达百分之九十八的同志认为：喝酒嘛直接开瓶喝就可以了，图个痛快，还要咋地？

然而这么想的同志们是不是喝来喝去始终觉得自己手中的那杯葡萄酒味道不太对味，却又说不出个啥所以然来？

如果是这样，那原因可能有以下几个方面：

首先，大哥你开瓶开对了吗？

尽管现在的人脑洞比锅还大，研究出各式各样的开瓶方式，但开瓶是否正确，绝对会影响一瓶酒的口感。

当然作为开酒的工具，酒刀也是很重要的。

一般我们习惯用海马刀开酒，它包括啤酒开、螺丝钻和带锯齿小刀三个部分，美观轻便上手简单。

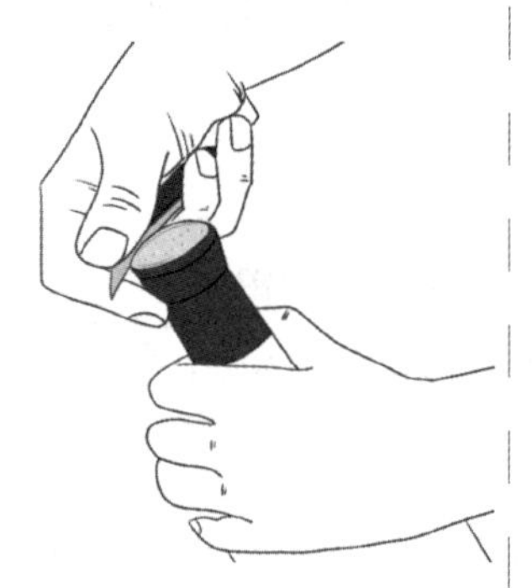

我们拿到一瓶酒，用开瓶器里的小刀轻轻割开包裹瓶盖的铝箔纸。

1

拉出开瓶器中旋螺状的钻子，把钻子顶入瓶盖的木塞。

2

3

钻入足够深度后，手柄放平，轻按瓶口垂直往上提起。

4

反复这个步骤，直到取出酒塞为止。

如果开瓶没问题，那么之后的这一步基本也会被大多数人直接无视。

那就是：醒酒啊！大哥！

我们为什么要醒酒：

如果说把葡萄酒比作一个睡梦中的小精灵的话，那么在梦中沉寂多年的她，在开启软木塞的那一刻起，就相当于被你唤醒了。

有些精灵的苏醒自然是需要一个过程，它绝对不可能在你拔出酒塞之后立即容光焕发、魅力四射，葡萄酒的酒液自然也是这个道理。所以需要通过醒

酒使酒液与空气充分接触，完善出最优质的酒液风味。被醒过的酒，会呈现出令你意想不到的迷人风味。

那么，怎样醒酒呢？

首先，一般的酒在醒酒之前，都会让酒瓶直立一天左右，开瓶的时候千万不能太粗暴，也不要拼命摇晃或转动酒瓶，否则瓶中好不容易沉寂了一天的沉淀物又给您兜底翻了出来。

之后就能切开瓶口的封盖了，下手的时候注意尽量往下撕开。以湿布擦拭瓶口，再以纸巾拭干。

倾注时则要小心逐渐地倾斜酒瓶，别一激动，直接把整瓶都灌进去，要慢慢让葡萄酒注入醒酒器中。

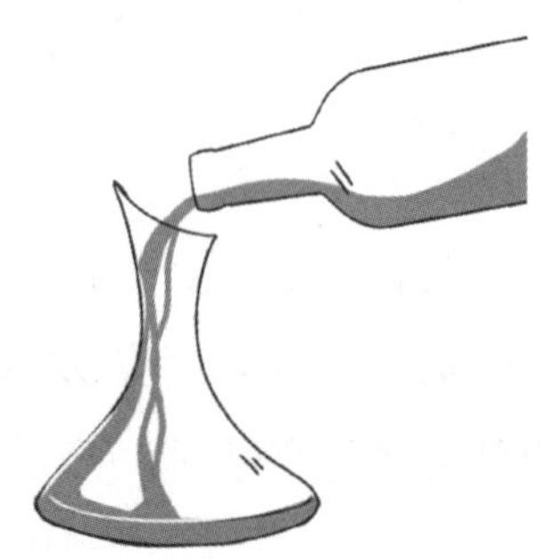

最后一步，等到大部分的酒从瓶中倒出后，你要仔细留意手中的酒瓶，保证倒出的都是清澈的酒液，把残渣和沉淀物留在瓶底。

“我怎么知道哪些酒需要醒？”

首先是价格偏贵的酒，如1000元以上的好酒，就要借助年份来判断酒的成熟度，从而确定醒酒的时间，一般醒酒时间从十几分钟至三四个小时不等。

其次是单宁过重的酒，有些还没到饮用期的红葡萄酒单宁强烈，喝起来整个口腔涩得发颤，宛如一匹脱缰的野马在你口中奔驰。这类酒建议毫不犹豫地推进醒酒器里醒上一两个小时，让酒液和空气充分接触，氧化单宁的犀利程度，释放原本属于酒体的香气。

还有一种酒比较特殊，就是陈年很久的红葡萄酒：这种酒要打起十二分精神来伺候，因为要是不当心用力过猛，一瓶好酒可能就此香消玉殒。这种酒需要先把酒瓶直立24小时，保证结晶完全沉淀在瓶底部，然后再倒入醒酒器，整个过程一定要用最轻柔缓慢的动作，否则它会立刻前功尽弃，神仙难救。

总的来说，酒体浓厚的、单宁强劲的葡萄酒，以及大多数红葡萄酒都可以经过醒酒而使口感更上一层楼。

“剩下的是不是都不用醒了？”

首先价格比较草根的酒，是不需要费神去醒酒的，百来元左右的也都是些立等可饮用的餐酒。要是实在觉得口感不那么理想，拿起酒杯晃晃就能搞定啦。

甜白和贵腐：这类酒通常不用醒酒，直接在饮用前 1 小时开瓶，让它直立在一边透个气就行，不出一会儿喝起来就能神采飞扬。

多数白葡萄酒和新酒：这类酒酒香很丰富，当场开了就能马上喝掉，要是多此一举地去醒个酒，那等你忙完酒会发现酒里面的果香都离你而去了。

黑皮诺：黑皮诺简直就是个娇贵的小公主，香气精贵又细致，这么难伺候的品种千万别晾着它，要是打开了就赶紧喝，千万别劳神醒什么酒。

“醒多长时间才可以喝啊？”

年轻的新酒：一般年轻的新酒，基本上提前半个小时左右就可以了。

浓郁型的红葡萄酒：这种酒至少要提前两个小时醒酒，使酒液充分接触空气，变得成熟。

正值适饮期的红葡萄酒：这类葡萄酒一般提前半个小时，至一个小时醒酒就可以。

因为每种葡萄酒的情况不同，所以醒酒的时间也不能给得太确切。

这里建议实在把握不好醒酒时间的情况下，可以用一种折中的醒酒方式：开瓶后静放半小时，然后直接倒入酒杯里，一边摇晃酒杯一边享受香气的变化，同时可以直接饮用。

“是时候给自己挑选个醒酒器了！”

年轻的葡萄酒：这类酒需要那种扁平有个宽大的肚子的醒酒器出马，扁平醒酒器的肚子能帮助葡萄酒很好地氧化。

陈年已久的葡萄酒：直径小的醒酒器，最好能带有塞子，这样可以防止葡萄酒过度氧化和加速衰老。

最后一点是，尽量挑选那些简洁大气的醒酒器，花里胡哨的看看就好了，真用起来、洗起来绝对够呛。

醒酒小技巧：

有时候往往等不及醒那么久，那怎么办呢？

有两个加速醒酒的技巧：

1. 把葡萄酒从一个醒酒器倒入另一醒酒器中，然后重复一到两次这个动作。

2. 晃动醒酒器，让酒液与空气充分接触。

搞不定处女座？因为你从不讲究餐配酒

想象一下在一个月黑风高，喔不，是花前月下的夜晚，你和男神挽手走进一家别有风致的餐厅共进晚餐，你兴致满满点了红酒牛排以及各色配菜，而你的男神只是淡淡地说了一句：给我来杯开胃酒。你心里会不会瞬间跳戏成：呵呵，说好的一瓶红酒定天下呢！开胃酒是哪个星球的！？

不好意思，如果你还是这么理解的话，男神恐怕会微微一笑：太 low 啦。

开胃酒和餐后酒，是一桌丰盛餐食上必不可缺的帮手，熟练掌握这其中奥秘后绝对有你意想不到的美味收获。

开胃酒

开胃酒又称餐前酒，这种酒没有什么玄机，说白了就是用来打开食欲的，和你没胃口的时候来片山楂是一个道理。它值得称道的地方是兼有养胃功效，肠胃不好的同志们也可以浅尝即止。

那么当服务员送上菜单给你的时候，看着茫茫一片酒名你应该怎么从大海里捞针呢？

很简单，找准这么几个特点：

A. 酸度高：这个好理解，酸酸甜甜增进食欲。

B. 酒精含量低：餐前酒的酒精度数都不会太高，毕竟是来开胃的不需要火力全开杀倒一片。而且酒精度过高会让味觉迟钝，接下去就算吃满汉全席也提不起什么胃口来。

C. 它们酒体都很轻，不会含有太多奶油蛋清之类的东西，更不会有过量糖分，万一食量小一点的一杯下去喝饱了，简直要哭晕在厕所了。

一般来说霞多丽、干白以及香槟起泡酒这类都可以拿来做开胃酒。

如果你觉得根据那个定义依然很难挑选出开胃

酒的话，那么记住以下这个小贴士，说不定下次和男神进餐的时候，能抛出来让他对你刮目相看。

杜本内酒：这款酒层次分明，尝起来有些甜，但独特的药草风味又会使它散发出微妙的苦味。这是一种相当迷人的酒，一杯加冰的杜本内绝对是一个含蓄有品位的绅士就餐前的理想饮料。

帕蒂斯茴香酒：这款酒酒液十分清澈，带有茴香风味。喝酒的时候还能玩个小花样，往酒液中兑水，这样能看到它慢慢地变成乳白色。如果你想要加冰，切记要在加水后再加冰块，这样才能让酒中的茴香脑结晶完美析出。

喝开胃酒或许你会考虑搭配些色拉：

伦敦米其林星级餐厅的主厨已经给大家指明了方向，“对于大部分香料味不重的沙拉来讲，选酒并没有什么挑战性。起泡酒会是不错的选择。”

在葡萄酒的配菜中一般有这样的搭配法则：

白葡萄酒 + 海鲜

大多数情况下，海鲜和白葡萄酒是佐餐中的王牌拍档。从美味角度来说，白葡萄酒中的果香和清新的口感能去除海鲜的腥味，使它在口中更加润滑可口。从健康角度来说，吃货们都是一群为了口腹的鲜美能把生熟置之度外的人。白葡萄酒的酸度恰好拥有强大的杀菌作用，在杀死细菌的同时，还能让大家放心吃喝，不用担心肠胃罢工。

清淡红葡萄酒 + 鸡肉

尽管说红肉配红酒，白肉配白酒，但也有例外。如果是鸡肉的做法趋于清淡，那么可以用白葡萄酒来点缀它。相反就需要红葡萄酒来提味。一般来说如果是番茄汁或者是辣味鸡肉的烹饪手法，这时候就需要搭配一杯黑皮诺。但无论烤鸡还是红焖鸡，鸡肉并不同于牛排，不需要有浓烈单宁的红葡萄酒佐味。另一方面，红酒中的抗氧化物儿茶酚能阻止肉类在人体内产生过多的自由基，不但有利于营养的吸收，还把健康指数大大提升了。

红葡萄酒 + 牛排

这个经典的强强组合基本上能占西餐搭配的前三，牛排口感浓厚，最适合它的应当是红葡萄酒中的赤霞珠。当这两种势均力敌的物质在口腔中碰撞后，赤霞珠强劲的单宁能够渗透进牛肉中起到去腻的作用。不仅如此它还能促使牛排散发出其他更加怡人的风味。

甜酒 + 甜品

酒足餐饱之后，总要再和男神继续谈谈人生聊聊梦想，浪漫的灯光下轻柔的音乐，这时候上点餐后酒正好能化解主餐的饱腹感。甜酒的香气浓郁甜

美，能给人一种轻松愉悦的感觉，如果能搭配一些口味清爽宜人的甜食，那会是一个完美的收尾。

在这里稍稍说明一下，餐后酒搭配的甜酒，不同于开胃酒的三令五申，餐后酒只是为了帮助饭后消化。所以选择范围相对比较宽松，餐后酒的特征也比较明显，只需要额外注意这三个点。

A. 酒体重。

B. 酒精高。

C. 甜度浓。

照规矩，继续上个小贴士辅助大家速记。

经典餐后酒

半甜雷司令：这种酒显得果香四溢，酒体丰满雅致，餐后饮用一杯，口舌生香令人难忘。

老藤琼瑶浆白葡萄酒：酒体优雅轻柔，口感甜美浓烈，质感黏稠。一开酒瓶仿佛置身于香氛的美妙世界。

意大利白兰地：意大利产区的白兰地口味一般

来说都比较浓重，饮用时最好加入冰块或水，这样可以冲淡酒的烈性，同时凸显出酒的香味，更加适合饮用。

这样一来，一顿与男神或女神的晚餐就能完美地拉下帷幕啦。

但话说到这里可能又有同志会疑惑，那该在什么场合去选择特定的酒来使气氛相得益彰呢。

生日派对：Prosecco 起泡葡萄酒或 ASTI 起泡葡萄酒。有人问为什么那么多人过生日的时候喜欢开起泡酒？这其实太简单了，开瓶的一刹那，酒塞被强劲的气泡顶出，噗的一声在空中划过一道弧线。紧接着起泡酒独有的“嘶嘶”声彼此融入在泡沫里，丰富的起泡、果味充盈的口感，酸酸甜甜中给派对带来喜庆愉悦的气氛。

朋友聚餐 / 家人团聚：忙碌了一周，终于到了周末。一家人围着桌子推杯换盏其乐融融，这时候你或许需要一支澳大利亚 Shiraz 或西班牙 Joven 葡萄酒。浓郁饱满的果香，圆润甜美的口感，酒液既温情又浓郁，老少皆宜。

情侣约会：昏暗的烛光，深色的桌布，悠扬的爵士乐浅浅地萦绕在耳边。如此暧昧的环境需要同样优雅的葡萄酒来相称。勃艮第黑皮诺，新西兰黑皮诺，纳帕白仙粉黛，都可以胜任这个任务。优雅甜美的果香，内敛深邃的口感，无尽的情话都随着酒味敛在舌尖。

其实葡萄世界比我们想的有趣多了

不少人对于葡萄品种各种头疼，首先是记不住名称，其次是分不清东西。

比如你和他聊长相思，而他恰好又是个文艺青年，那么很可能会出现以下这一幕。

“你觉得长相思怎么样啊”

“写得好啊写得好啊，要不我给你背一段？”

“不用了大哥……”

然而生活中只要记住几个简单常见的品种，对于葡萄酒的理解分分钟就能生动起来。

红葡萄酒

赤霞珠

这个每当酒会开启就能成为会场中当仁不让的主角的，就是葡萄酒世界的……戏霸！喔不，国王！赤霞珠是葡萄品种中最常见的一种，是一个非常霸

道强势的葡萄品种，这种特点充分体现在它的口感上。浓郁、强劲、带着种非我不可的霸气。黑醋栗和李子的香味只是表象，真正的酒液拥有着雪松和青椒的寒爽味道，成熟后的赤霞珠在色泽、口感、单宁上都会惊人地出色。它能酿出最经得起陈年的红葡萄酒，俨然一股君临天下的王者派头。

经典产区：法国波尔多

喜欢赤霞珠的你

不管是姑娘还是汉子，在人群中都是一个大写的抢眼，拥有强势而出色的洞悉能力。内心的想法坚定成熟，行事直接干脆。绝对是霸道总裁和高冷女王的最佳代表人物。然而雷厉风行的你，却也能在岁月的年轮中展现出不同层次的魅力，时间消磨不了智慧，直到一天你会甘愿与时光一同老去。

黑皮诺

如果说赤霞珠是葡萄酒界的国王，那么黑皮诺就是优雅而迷人的贵族了。它精细而含蓄，没有强劲霸道的口感，却能满足最挑剔的人。它是一种最难琢磨的葡萄品种，既天赋禀异又脆弱早熟，它轻薄的皮层中蕴藏着无限细致的氛围，要想得到它完美的风味，只有通过悉心的呵护和耐心的等待才能一睹芳容。

经典产区：法国勃艮第

喜欢黑皮诺的你

要论傲娇，整个葡萄酒界黑皮诺称第二，估计没有人敢抢第一。唯对黑皮诺情有独钟的你，与其说傲娇，倒不如说是骄傲。你低调，含蓄，甚至在外人眼里会被定义成高冷。殊不知那只是你冷静的

处事方式而已，你喜欢聪明而不外露地做一个生活的旁观者。由于对审美有着较高的理解和追求，任何事在你的安排下都能变得精致妥帖。

梅洛

梅洛就像是葡萄酒王国的小王子，他温柔纯真不谙世事。用它作为单品酿造出来的葡萄酒，酒精含量高，用馥郁的果香缠绕着人们的嗅觉。梅洛鲜嫩而高产，单宁柔软，口感圆润厚实，酸度较低，这些易饮的特质，也可以看作是他不具备任何攻击力的象征。

经典产区：法国波尔多

喜欢梅洛的你

你性格温和，无论和谁都能打成一片，拥有绝佳的好人缘。然而在温和的脾气下，你的内心不一定是被驯服的，你有自己的原则和坚持，相比大多数会将它们公之于众的人，温和恬淡的你对自己的底线闭口不谈，但一旦被触及，你会比任何人都强烈地进行反抗。偏爱梅洛的你，只对极少数的人展示你的真面目，而他们无疑是幸运的。

西拉

西拉就像是一个骑士，他既有赤霞珠的刚烈强劲，又兼有黑皮诺的雅致馥郁。然而黑色水果的成熟香味对于他来说，更像是面对世人的一个轻薄面具。那些赞誉和欣赏微不足道，真正地它将狂野与烈性都掩藏在看似优雅的外表之下。如果你能喝透，那一定无法拒绝这样的西拉。用西拉所酿成的酒无论成熟到几分，总会有相当优异的余味。

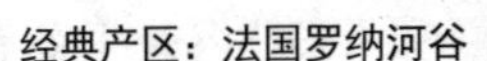
经典产区：法国罗纳河谷

喜欢西拉的你

对西拉情有独钟的你，有着比风更加自由的灵魂。无论什么时候，你们的身上总是会有些孩子气，生活中充满了无限的乐趣和冒险。你不需要考虑太多，说干就干就是你的常态，你的内心总有一种渴望。能达到更高的山峰，能行走在更广阔的世界，能感受到一切未知有趣的东西。因为你就是这样一个奇妙而自我的人。

白葡萄酒

长相思

长相思就像个尊贵的公主，她永远清雅动人，香气扑鼻，带着一点让人心动的清透酸度来撩拨你的味觉。长相思葡萄主要用来酿造果味丰富、简单清爽易饮的干白葡萄酒。它不屑于世俗对于葡萄酒陈年的标准，因为它的巅峰就是在最年轻气盛的时候。那时的它喝起来果香充沛，带着凛凛青草的清新香味。

经典产区：法国／新西兰

喜欢长相思的你

你才华横溢，开朗而富有感染力。在与人交往的过程中，常常能给人亲密而又受到尊重的感觉。虽不强势但极有主见，做事果决不拖泥带水，是一个睿智的实干家。你并非是强硬的，但你一定是独立的，刚开始接触时人们也许会被你坚硬的外壳吓到，但最后他们会发现你的柔软善感一面，而一旦意识到这点，他们或许已成为你生命里不可或缺的存在。

雷司令

雷司令是葡萄酒王国中雷厉风行的女将军，它在白葡萄酒界的地位就好比，赤霞珠之于红葡萄酒那样抢眼而不可或缺。雷司令拥有严谨的分级制度，将甜度一级级分割清楚，一目了然。它可以在不同产地酿成风格截然不同的葡萄酒，而且耐久放。雷司令葡萄酒有馥郁强烈的香气，依据不同产区，以及甜度与酒龄的不同，也会展现出丰富如矿石、花香、柠檬以及蜂蜜香气。

经典产区：法国阿尔萨斯 / 德国

喜欢雷司令的你

你的内心果敢坚毅，知道自己想要的是什么，不仅不会迷失在路口，也还有能力为了自己的愿景去付出和牺牲。对于你来说，人生最大的成就感并非来自于别人的肯定，而是对自我要求的达成。在冷静的行事作风和外表之下，有着敏感多情的一面，只是不会轻易地表现出来，他不善于分享的原因，或许是因为太多人在接近他内心前就被吓到退缩了。

霞多丽

霞多丽就像是葡萄酒世界的皇后，有着能够母仪天下的雍容大气。酒体年轻清透，可她却不畏惧岁月的痕迹，就算变老，也要优雅地老去。它有着热带水果般的清新馥郁，饱满香甜的酒体却又展现出了一种与之相反的迷人华贵。

经典产区：法国勃艮第

喜欢霞多丽的你

偏爱霞多丽的你内心沉稳成熟，甚至宠辱不惊。对于生活你有自己独特的见解和品位，在身边人一拥而上为了什么而疯魔的时候你依旧能保持自己的步调。遇到任何事你都会用自己的方式去解决，不急不躁。你不是没有激情，只是这样的你需要一个极高的热点来点燃你，如果能融化你心中的淡然，那展示在所有人面前的会是一个完全不同的人。

每个葡萄品种在葡萄酒的酿造中都担任了一个不可或缺的角色，每个品种都有自己独特而又无法复制的个性，就像喜欢它们的你一样，那么独一无二。

谁跟你说葡萄酒瓶都长一个样

大家一时兴起决定买点葡萄酒回家倒腾的时候，站在货架前应该都会有这样的困惑：这么多葡萄酒，我究竟该买哪个？

不过这个时代基本没有不能用颜值解决的问题，所以一般会出现这种情况：嗯，这酒瓶长得挺洋气的，八成是好酒！老板劳驾包起来！

老板此时的内心：谁来算一算我的心理阴影面积！

不过酒瓶子可不仅仅是首席颜值担当这么简单，所谓内行看门道，酒瓶还身兼不少实用的酒质信息。

酒瓶起源

虽然说葡萄美酒夜光杯，然而最初盛放葡萄酒的容器绝对不是什么稀罕容器，相反是一个不起眼的细长泥罐儿，反正一直丑了几百年，直到 17 世纪中后期，大家实在看不下去了，才不得不捣鼓出个玻璃瓶。虽然是鸟枪换炮，不过由于工艺问题，当时的玻璃只能用砂石之类的东西做，外形粗糙不算，还透着股森然的绿光。不过就是这层九牛二虎之力都去不掉的绿色却歪打正着，大家发现它能最大限度地阻隔光线，给酒的陈年创造了一个极佳的环境。

经过了这么长时间的发展，制造玻璃的技术也突飞猛进，葡萄酒瓶的颜色也发展成了储存啥酒就

针对啥颜色，虽然五颜六色都不一样，不过还是以绿色瓶子使用最广。

深绿色—干红好朋友

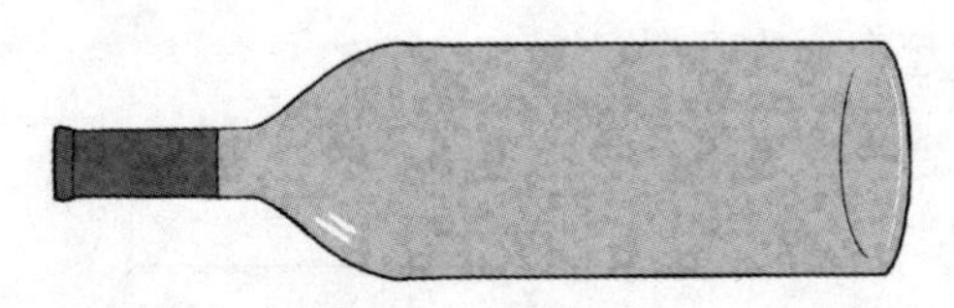

这种瓶子主要用来存放干红，尤其是一些需要陈年的葡萄酒。因为紫外线会加速葡萄酒的分子运动，破坏它的稳定性，加速氧化。而深绿色瓶体可以保护瓶内的酒免受光线照射，利于长期存放。

淡绿色—干白好伙伴

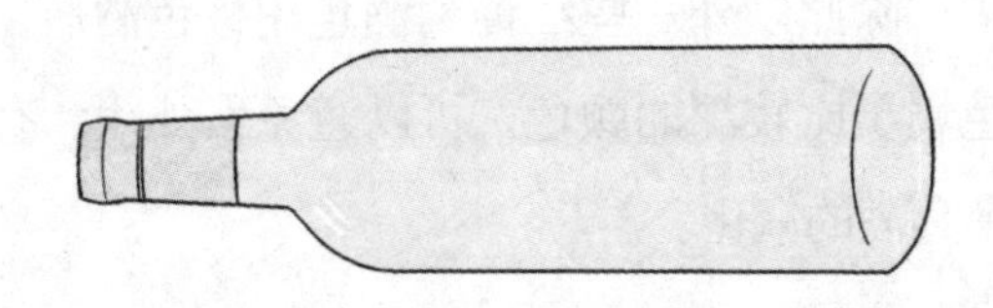

白葡萄酒相对红葡萄酒来说不需要那么长的陈年时间，放太久反而会让酒体和风味变得木讷，它的饮用更加注重新鲜清爽的口感，所以可以储存在较浅色的瓶中。

透明—甜酒、桃红葡萄酒

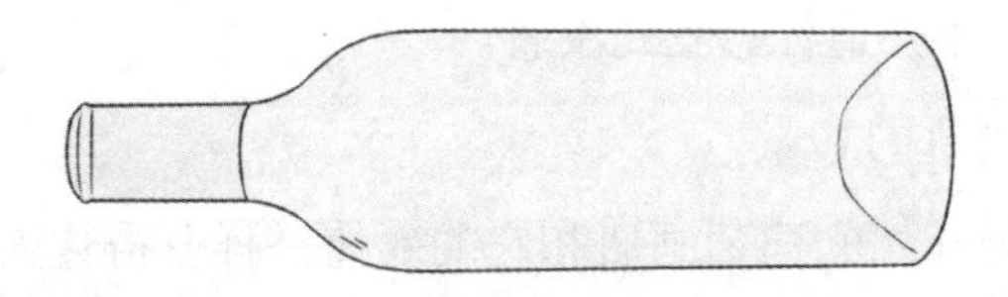

这两种酒是典型的不禁放，所以几乎用不到什么深色的酒瓶。加上颜值比较高，用透明的酒瓶可以让它们骄傲地秀出酒液的可爱颜色，看起来分分钟想拿起来一饮而尽。

棕色—德国制造

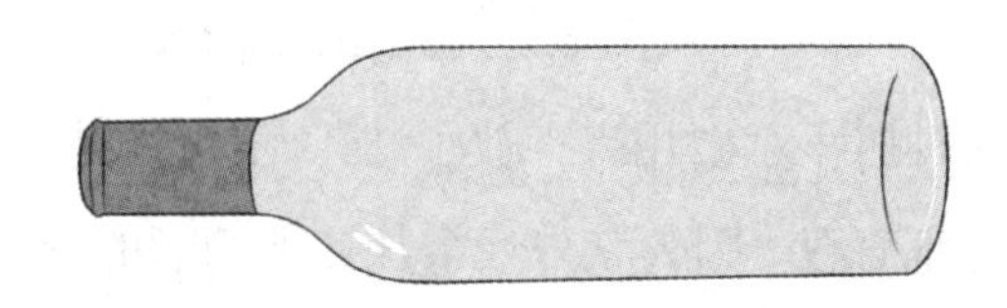

德国莱茵河产区葡萄酒会经常采用棕色酒瓶，也没什么特别的原因，硬要说，这大概已经变成个传统了。除此以外一些红葡萄酒也用棕色酒瓶，因为棕色属于比较深的颜色，可以避免紫外线，有效减缓葡萄酒的氧化。

蓝色—没朋友

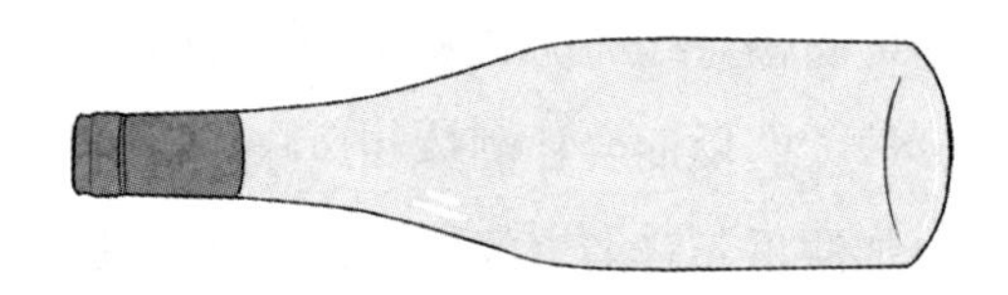

这种酷炫的颜色在葡萄酒瓶当中基本上是没朋友的，也没有其他原因，只有大写的特立独行刻在脑顶，不知道你感受到没有。

酒瓶的容量

刚开始的葡萄酒瓶和它的颜值一样丑得让人无法呼吸，矮胖矮胖的就算了，各个地区的大小还不统一。想想看，去做客的时候主人拿出一溜体型不一的酒瓶的酒招待你，那感觉像不像是在喝酱油呢。

当时的玻璃瓶都是“HAND MADE”，每一瓶的容量在700ml左右，即工人一口气所能吹制的大小。直到1970年时，为了方便，统一了运输单位，才将标准容量定位在750ml。

1橡木桶＝225升＝50加仑＝25箱(12瓶)＝300瓶（0.75升/瓶）

当然还有其他非标容量，700ml——有的德国葡萄酒就是700ml，在葡萄酒这事儿上，德国人绝对是敢为天下先的奇葩。

375ml多为盛放冰酒/贵腐酒，用小巧精致来凸显酒的珍贵，当然做成这么小也适合两人花前月下或者出去郊游的时候携带。

酒瓶的形状

葡萄酒瓶在摸爬打滚中模样渐渐周正起来，大家为了管理便利以及方便记忆，一拍大腿就决定将某些出名的产区直接命名为葡萄酒瓶的形状。

波尔多瓶

几乎全世界的波尔多品种都在用这种酒瓶，新旧世界中所向披靡，露脸率高得让人艳羡。它两侧呈流线型，瓶肩较高且宽，方便倒酒时去除沉淀。使用这种瓶的葡萄酒典型有赤霞珠和梅洛，这两种酒陈年后沉淀较多。也适用于需要长期窖藏的酒，易于堆栈和平放。

勃艮第瓶

瓶肩较窄，瓶体较圆，瓶身略带流线型，可以存放红白两种葡萄酒，广泛使用于黑皮诺和霞多丽等质地较细腻的酒类。也用在意大利巴罗洛、法国卢瓦河谷等。另外还有一种衍伸瓶——罗纳河谷瓶，

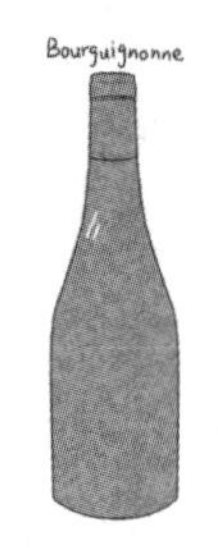

和勃艮第瓶相似，只是瓶身略瘦，瓶颈处有盾形纹章。

普罗旺斯瓶

桃红葡萄酒的代表。桃红葡萄酒色彩诱人，和酒瓶一样，往那一放就像个窈窕淑女，腰线迷人，梦幻美丽，普罗旺斯梦境般的浪漫立刻呈现眼前。

香槟瓶

专门为香槟设计的，瓶身更大且结实，瓶底的凹陷以及更厚的瓶壁，使得酒瓶可以承受二氧化碳的压力。起泡酒一般也使用这种酒瓶。

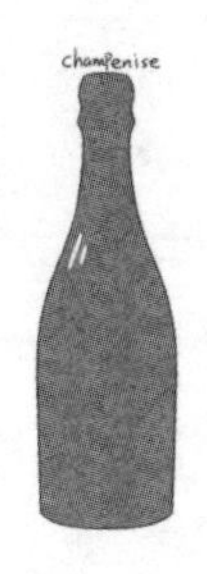

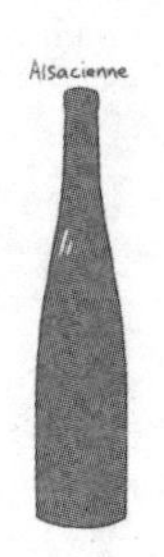

阿尔萨斯 / 摩泽尔瓶

瓶身更窄更细长，瓶颈的坡度非常柔和。是酒瓶中高贵冷艳的代表，它就像是一匹来自北方的狼。可以用来盛放干型或者甜型葡萄酒，常见的葡萄类型有雷司令和琼瑶浆。

此外还有瓶体比较坚实的加强酒瓶，纤瘦小巧的甜酒瓶等等。

除了这些普通的瓶形，其实还有些未被广泛使用的特殊瓶形，比如路易王妃水晶香槟是一个最著名的“平底”香槟，教皇新堡的雕花酒瓶，德国弗兰肯的“Bocksbeutel”。

现在你们是不是感觉已经对葡萄酒瓶另眼相看了，那分明就是才貌双全的存在。买酒前记住几条，挑选的时候就不会感觉无从下手啦。

要懂酒干嘛，懂酒标就行了！

大家买葡萄酒的时候第一眼看到的应该就是酒标了，然而这样一幅天书般的文字连同着意境深远的插画组合，实在叫人一眼懵圈。

酒标这东西不光是为了好看，更重要的是相当于这瓶酒的一张名片。

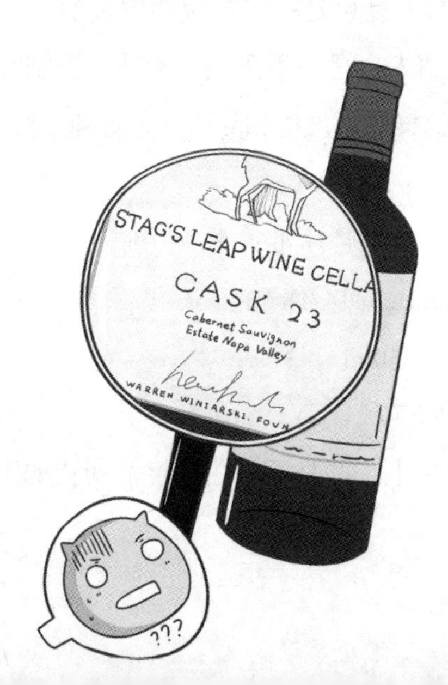

认真说想要识别它并不困难，首先第一步你就能一眼辨别出这瓶酒是新世界还是旧世界。

举个例子：

旧世界酒标

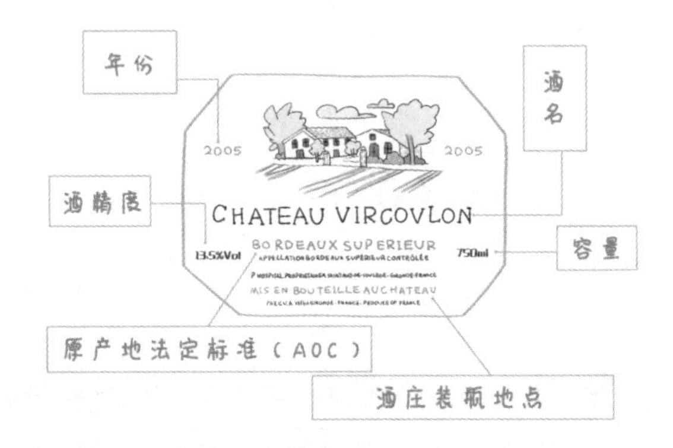

酒名：法国威卡伦城堡

年份：2005 年

酒庄装瓶地点：MIS EN BOUTEILLE AU CHATEAU（意思是："在城堡内装瓶"。一瓶葡萄酒由酿酒人自己一手采摘、酿造、调制并装瓶，一般来说这样的酒风格和品质一定更纯正。）

酒精度：13.5% Vol

原产地法定标准：鉴定(原产地监控命名AOC—pauillac 地区生产)

容量：750ml

旧世界葡萄酒

这基本上指的是拥有古老产酒历史的国度，像是法国、意大利、西班牙、葡萄牙、德国、奥地利这些，当然这其中不仅仅只有欧洲，也包括匈牙利、希腊等中东欧国家和地区。仔细留心一下会发现这些国家都很有特点也十分好记，因为它们都是——文艺青年中的战斗机！

酒标：所以旧世界的酒标都出奇得古典浪漫，那构图就像一幅幅艺术品。酒标上呈现的建筑，通常就是酒庄的样子，配上树林青葱什么的，宛如一幅上等的画作。

风格：旧世界就像是一群兢兢业业传承着艺术的古老贵族，严谨地遵守传统，并以之为豪。就拿旧世界里的龙头老大哥法国来说，他们从葡萄品种的选择，葡萄的种植到包括采收、压榨、发酵等等酿造环节，无不尊崇着地区传统，有些传统甚至能够追溯上几百年。

新世界酒标

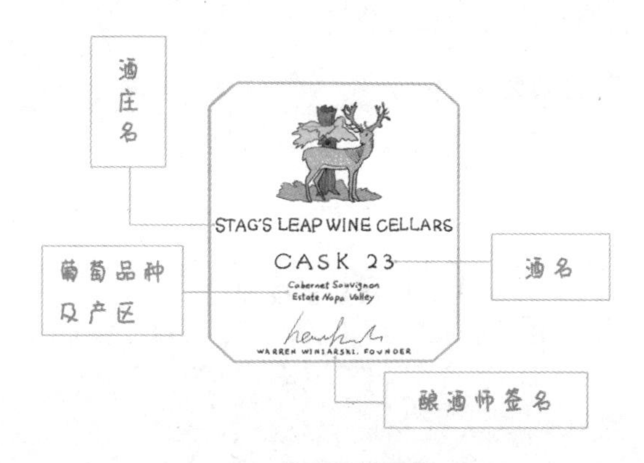

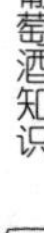

酒庄名称：鹿跃酒庄

酒名：cask 23

葡萄品种及产区：纳帕谷赤霞珠

新世界葡萄酒

和旧世界相对应的，是近几年兴起的新面孔产酒国：包括南非、美国、智利与阿根廷、澳大利亚与新西兰。

酒标：新世界的酒标和旧世界比起来就像是一个先锋派的少年，通常是会在酒标中央的位置画上一个 logo 或者是别的物品，显得腔调十足。

风格：新世界酒的最大突破就是充分凸显了现代的创新精神，在不断的实验中改进，拥有现代人无所不能的爆炸理念神，从葡萄品种到酿造方式，改良一条龙。所以新世界的酒反映在酒的口味上的感官也是新出了一个世界的大门。

如果你还是觉得懵圈，不要紧，我们接下去可以结合具体国家做具体分析。

法国酒标

法国的酒庄名一般都是以 Domaine 或 Chateau 开头，而且产区都会贴心地一并写上，不需要你搜肠刮肚地去找它。

至于产区信息则是以：Appellation+X（产区信息）+Control é e（即 AOC）组成，而当中的 X 就需要靠你的积累来分辨到底是属于哪个产区。

Grand Vin 法语直译过来是“好酒”，这句话就跟某个大妈对你吹嘘“我女儿长得很漂亮”差不多是一个意思，不怎么能靠得住，只是个表达美好心愿的形式。

西班牙酒标

从 1972 年开始西班牙也决定向老大哥法国看齐，建立了原产地名号监控制度。所以西班牙也有一套金字塔式的分级制度。

DO：如果你看到这个缩写千万不要以为是什么充满奥义的暗示，它的全称应该是：Denominacion

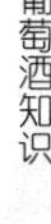

de Origen，表示这瓶酒出产于严格控制品质的产区。

而看到 DOCa 字样，那就证明这瓶酒出自西班牙分级制度中最高级的一种，品质你放心。

在西班牙关于新酿还是陈酿有着十分严格的把控和规定。

新酿 (Joven) 只用于法定产区，对葡萄酒陈酿时间几乎没多余的要求，这个级别的葡萄酒不经陈酿就可以发售。

陈酿 (Reserva) 只用于法定产区，被贴上陈酿标签的红葡萄酒必须在出厂前至少有 36 个月的陈酿期，并且至少 12 个月在橡木桶中陈酿；而白葡萄酒和桃红葡萄酒出厂前至少陈酿 18 个月，其中至少 6 个月在橡木桶中进行。

特级陈酿 (Gran Reserva) 同样只用于法定产区。这一级别的红葡萄酒在出厂前至少经过 60 个月陈酿，其中至少 18 个月在橡木桶中进行；而白葡萄酒和桃红葡萄酒出厂前至少陈酿 48 个月，其中至少 6 个月在橡木桶中进行。

意大利酒标

意大利的酒标复杂度和他们的艺术规格完全成正比，生性浪漫的意大利人总是视官方的条条框框为无物，导致大家拿到这些酒标后的第一想法就是：设计师在哪，出来一下，我们谈谈人生。

其实要解读意大利的酒标也没有这么困难，可以从分级制度下手。

优质葡萄酒 DOCG：一看到 DOCG 的字样你就能知道这肯定是意大利的酒，而且等级尊贵，是意大利最最优质的葡萄酒。

法定产区葡萄酒 DOC：这个等级就好像相当于法国 AOC 法定产区等级葡萄酒，对于这瓶酒的品种酿造都有严谨的规定，这种等级的葡萄酒品质优异，也是意大利最传统的葡萄酒。

优质地区葡萄酒 IGT：相当于法国地区餐酒（VdP）。

以上就是关于酒标的信息，只要记得关键字，分分钟就能速度掌握一瓶酒的大致信息啦。

酒庄故事

【五大酒庄之拉菲酒庄】
为什么拉菲这么贵？

你一定在很多电影电视剧里看到过这句逼格满满的话。哪怕是一个只吊过葡萄糖的人，在每次提及葡萄酒的时候也会不自觉地说上一句：给我来一瓶 82 年的拉菲！

然而拉菲为什么能贵得这样理所应当，其实只有一个理由：它创造了最贵的葡萄酒纪录。

最贵葡萄酒世界纪录

1985 年在伦敦佳士得拍卖会上，一瓶附有美国第三任总统汤玛士·杰弗逊（Thomas Jefferson）签名的1787 年的拉菲，以 10.5 万英镑（约 105 万软妹币）

的价格被一个杂志老板买下，这也是迄今为止最昂贵葡萄酒的世界纪录！这个老板叫 Malcolm Forbes，对没错，福布斯杂志就是他发行的…

你一定要问了，一瓶酒而已啊！凭什么这么贵啊！不就是有个总统签名而已啊！吃饭又不能签单用！因为人家来自：拉菲庄园（Chateau Lafite Rothschild）！

世界顶级是什么概念呢，就比如你哪怕完全不懂音乐但你也知道迈克尔·杰克逊是个传奇。

很久很久以前……

说到这个拉菲庄园啊，那要从很久很久以前的法国说起。那会儿的法国完全被一片声势浩大的修道院所包围了。

众多修道院中有一个叫做韦尔特伊（Vertheuil Monastery）的修道院。院长叫做贡博·德·拉菲，

你应该能猜到了，是的这里就是拉菲古堡的“祖屋”。

不过当时并没有发展出什么规模，甚至都不一定有葡萄园，当然也不排除拉菲先生在后院支了个葡萄架子在下面养养鸡的可能。

拉菲酒庄的真正形成还得归功于塞居尔公爵（J. D. Segur）。塞居尔公爵可是当时世界酒业一号人物，地位就相当于现在的王健林。他同时拥有：拉图酒庄（Chateau Latour）、木桐酒庄（Chateau Mouton）和凯隆世家酒庄（Chateau Calon-Segur）。这种感觉就跟你同时拥有淘宝、京东和苏宁易购一样。

神棍降临救世

1675 年他找了算命大师看了看风水，大师说：这么好的地方不拿来大肆种植葡萄你四不四（是不是）傻？

于是塞居尔公爵就一举将拉菲古堡买下，并开始逐步发展为伟大的葡萄种植园。拉菲庄园的葡萄种植使用非常传统的方法，那时候基本不使用化学药物和肥料，就像呵护小公举一样对葡萄进行无微不至的关怀，葡萄完全成熟才采摘。而采摘时也是择优而摘，不好的只能 out（丢弃）。而在进行压榨前会有段位更高的不屈王者再进行筛选，确保每粒葡萄都能达到处女座的要求。

所以在拉菲每 2 至 3 棵树才能生产一瓶 750ml 的酒！值得一提的是，拉菲酒庄使用的橡木桶是由自己的制桶匠 DIY 的，并且拉菲酒庄也是波尔多唯一拥有自制橡木桶设备的酒庄。

拉菲的口感层次丰富，有着花香与矿石的味道，入口柔顺，酒中的甘甜和酸度达到了完美的平衡丝滑，这些非常事儿妈的做法造就了他“国王之酒”的美名。以至于人们在谈论葡萄酒时，总是会不自觉地提到拉菲，已然将它当成了葡萄酒界的行业标杆。

花心王子与他的X位公主

之后拉菲酒庄由塞居尔公爵的儿子亚历山大继承，这位富二代跟思聪一样有女人缘。很快就吸(gou)引(yin)了隔壁村拉图酒庄（Chateau Latour）的继承人。生了个儿子，就是后来著名的尼古拉斯·亚历山大·塞居尔（Nicolas-Alexandre de Segur）。这个谜之Boy后来成为掌控五大名庄其中两个酒庄的“葡萄王子（Prince des Vignes）”。

那个时期法国基本上是勃艮第酒的天下，不造亚历山大用了什么样的方法，吸（gou）引（yin）了当时上流社会的著名“交际花”，法王路易十五的情妇庞巴杜夫人。庞巴杜夫人对拉菲情有独钟，甚至有传说她不喝其他饮料解渴，除了拉菲！

拉菲从此荣升为“国王之酒”，整个凡尔赛宫只讨论拉菲。连法国国王路易十四都曾

说：塞居尔家族可能是当时法国最土豪的家族。

谁叫你有钱！家族斗争了吧～

18世纪中期，塞居尔家族的第三代掌门人去世了，拉菲产权也随之进入了一个较为混乱的时期。家族之间的兄弟们相互争斗，上演法国版《宫心计》。但在这样一团糟的情况下，拉菲产出的酒依然保持着属于她的高品质，并且在1855年的波多尔评级中被选为一级庄园，而且在四个一级庄里拉菲排名第一！

这样群龙无首的情况一直持续到1868年，一个叫詹姆士·罗斯柴尔德爵士（Baron James Rothschild）的高富帅出现才结束。

他在拍卖会上以四百四十万法郎的天价购得拉菲酒庄！

是什么驱使他买下拉菲酒庄呢，估摸着原因可能有三！

谁让我有钱呢，有钱就要让大家都知道，不然不厚道，炫富！

不是我说，隔壁木桐酒庄的菲利普真是越看越不顺眼，文艺青年了不起啊，叫板！

说来也巧，我家银行的那条街和“拉菲”的发音好像啊真是缘分天注定，眼缘！

就这样把拉菲收入囊中的罗斯柴尔德家族，一直安心妥善地经营着酒庄，在之后的岁月中保持了酒庄卓越的品质和世界顶级的葡萄酒声誉。

谁叫你有钱！上帝看你都不爽!

然而上帝总是嫉妒长得帅又有钱的人，在买下酒庄三个月以后詹姆士就离世了。

拉菲酒庄由他的三个儿子阿尔方索（Alphonse）、古斯塔夫（Gustave）与埃德蒙（Edmond）共同继承。拉菲酒庄自进入罗氏家族后一直持续了15年左右的辉煌发展期，直到一个可怕的时期……

19世纪末至20世纪上半叶，接连发生了：根瘤蚜虫害，霜霉病，顶级酒假酒事件，第一次世界大战，严重的经济危机等等的大事。全球葡萄酒发展都受到了阻碍。怀疑那时可能出现了强烈的水逆……后来“二战”期间：酒庄城堡征用为农业学校，陈酒被劫掠，加之战争时期能源匮乏、供应短缺，大多酒庄发展跌至谷底。唯一值得欣慰的是，就算在这样一个逆境里，拉菲酒的品质依然：傲！然！于！世！

“二战”过去之后罗斯柴尔德家族终于重新成为拉菲酒庄的主人，但拉菲古堡仍带着战争留下的尚未愈合的伤痕，埃里男爵挑起复兴酒庄的重任，主管酒庄复兴工程。

1945 年 /1947 年 /1949 年

重建时期

这段时间缕出佳作。

然而……

1956 年

天灾

一场霜冻使得拉菲古堡再次元气大伤。

1959 年 /1961 年

新的好年景

两个顶好的年份开启了拉菲新时代的成长之路。

1974 年

埃力克 · 罗斯柴尔德

拉菲古堡由埃里男爵的侄子埃力克 · 罗斯柴尔

德（Eric de Rothschild）男爵主掌并一直到现在。

处女座的精神，还有谁敢再黑？

秉持着“没有最好只有更好”的处女座理念，埃力克男爵积极建设酒庄。

他开始对葡萄进行科学施肥啦～

在酒里加入适宜的添加物啦～

酒窖中安装起不锈钢发酵槽啦～

找一个很酷炫的建筑师里卡多·波菲（Ricardo Bofill）～

建一个环形的储放陈年酒的酒库啦～

新酒库还是个具有革命性的创新艺术品，审美价值极高，哪天放不了酒了应该也能当个博物馆展厅什么的。酒库里能存放 2,200 个大橡木桶。同时埃力克男爵还购买其他的葡萄园进行酒庄的扩张。

其实早在 1982 年的拉菲古堡还在橡木桶里陈酿的时候，世界头号品酒大师罗伯特·帕克就以其一生的名誉宣称：1982 这个年份对于葡萄酒界来说是难得的最佳年份之一。他评价这款葡萄酒会是一款果香浓郁，单宁柔和，具有十足活力的佳酿。

然后传说中的 82 年拉菲就在这时候诞生了！

展现在人们面前的拉菲，拥有将黑醋栗、紫罗兰、雪松和玫瑰集于一身的香气。同时它的风味复杂浓郁，单宁柔滑，惊艳四座。当人们还沉浸在这款稀世红酒的香气中时，帕克已毫不犹豫给出了拉菲古堡100分的满分评价，印证了自己对于82年拉菲的完美期待。

人们常常说，一切与拉菲相关的东西都弥漫着历史的味道。在拉菲庄园目前保留的最古老的酒瓶是1797年的，而最老的葡萄藤则种植于1886年。就连我们的爷爷奶奶过去见了葡萄树应该都要喊上一句奶奶……

顶级葡萄酒的代名词

在今天，拉菲依然是顶级红酒的代名词。虽然波尔多共有五大顶级酒庄，但在大多数中国人眼中，拉菲就是一切！拉菲在中国如此深入人心，以至于宋丹丹在微博上“炮轰”潘石屹时都会说：“潘总，我请你喝拉菲，别再盖楼了！”

也许是沾了名字的光。中国人记不住那些“艾

斯图涅”、“李维欧·拉斯卡斯”、“皮琼－龙戈维·拉什么来的”。拉菲，简单、顺口又洋气。就像一个叫亚历山大·科洛纳·瓦莱夫斯基的人和一个叫德彪的你会记得谁？

哦，这个名字很长的人是拿破仑的儿子（手动拜拜）。

拉菲酒徽上有 5 支箭，你知道它的含义吗？

拉菲五只箭的意义是指罗斯柴尔德的五个儿子，而让五支箭相互交叉应该跟他们家族的祖训密不可分，“只要你们团结一致，你们就所向无敌”，“你们分手的那天，将是你们失去繁荣的开始”，“要坚持家族的和谐”。

公元2世纪的希腊史学家普鲁塔克撰写的《君王及将军语录》中有这样一则故事：Scilurus国王临终，召80个儿子至病榻前，给每人一束箭，命令他们折断。但是没有人成功，国王见了便拆散其中一束，把箭轻而易举逐一折断。他告诉儿子们："团结一致，无人可敌；各自为战，不堪一击。"

罗斯柴尔德家族的私人画师Moritz Oppenheim以此为题材画过一幅油画，在画中，儿子变成了五个。这幅画揭示了“五支箭”的象征意义，这一象征契合了罗斯柴尔德家族的族训：“团结、正直、勤奋”。

Tips:

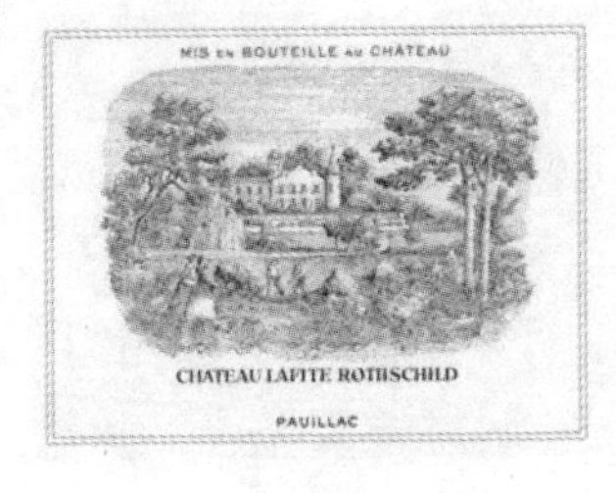

正牌拉菲酒标：
Chateau Lafite Rothchild

副牌拉菲酒标：
Carruades de Lafite

【五大酒庄之木桐酒庄】
文艺青年的大逃亡

19 世纪的欧洲有一个金光闪闪的家族，叫做罗斯柴尔德（Rothschild Family），厉害到什么程度呢？

人称欧洲“六大强国”之一，与号称日不落帝国的英国并列，足足影响了欧洲两百多年，奔驰、银行和苏伊士运河就是这个家族九牛中的一毛，如今能和他们家一拼影响力的，大概也只有朝鲜的金家了……

这家生孩子的能力也很强，从父亲＋兄弟5人，发展为5大支系，分散在法兰克福、伦敦、维也纳、巴黎和那不勒斯，彻底垄断了欧洲的银行业不说，还搞多元化经营。

1853年伦敦支系的纳撒尼尔（简称：小纳／Baron Nathaniel de Rothschild）买下了木桐酒庄（Mouton），15年后他的堂兄，巴黎支系买下了旁边的拉菲庄（Lafite）。两兄弟成了竞争对手，从此针锋相对，老死不相往来。

全能文艺小青年

相较于拉菲的一帆风顺，木桐的曲折更具传奇色彩，且看它如何晋级。

话说1853年，小纳买下了木桐酒庄，可自己却是完全不喝酒的主儿，酒庄只是玩票性质，并不放在心上。于是在1855年波尔多酒的评级中，木桐随随便便得了个二级头名。小纳去世之后，偌大的酒庄被他们家人当成皮球踢来踢去，没人真正感兴趣，玩票持续了好几代。

直到……

19世纪末20世纪初，一个年轻人横空出现。

他就是菲利普男爵

（Baron Philippe de Rothschild），日后的波尔多传奇人物。

那时候的菲利普，才二十出头，意气风发风流倜傥不说，还是个有才的文艺青年，精通文学、戏剧、艺术，写得了诗歌，当得了导演，顺便还玩玩赛艇和赛车，逼格直插云霄，甩王思聪不知几条街。

作为这样一名优秀的文艺青年，当然是要扎根在巴黎文艺的天堂左右逢源吸收养分的。

然而用不了多久这种日子就到头了，风花雪月的巴黎很快在“一战”的炮火下岌岌可危。

本着小命要紧的宗旨，菲利普男爵从巴黎一溜儿跑到了波尔多。当他走进庄园的那一刻，命运的齿轮仿佛受到了召唤，悄然开启。

菲利普男爵在待了短短的一段时间后，不知道是因为血液中的葡萄酒天赋觉醒了，还是波尔多实在美到乐不思巴黎，他竟意外地喜爱上了这片祖先留下的酒庄。

他立即说服了父亲把酒庄交给他管理。

1922年开始，他正式地成为了酒庄的主管经营人。

从此开始了长达65年的庄主生涯，比当皇帝时间最长的康熙还多了四年。

别人家的孩子最讨厌

那时的木桐庄没水没电、交通不便，连像样的房子都没有，他都一一忍了……

唯一不能忍的是：5 米开外就是家族中人拥有的一级庄——拉菲，而木桐庄却只是二等。这个世界上杀伤力最大的莫过于“别人家的孩子”，还是沾亲带故的那种，这种滋味，想想过年时八百年不见一次的亲戚凑在一起叽叽喳喳、问东问西，你就懂了。

菲利普是个强悍有雄心的富二代，愤愤发誓：Premier ne puis, second ne daigne, Mouton suis（友情翻译：“作为被上天选中的人，我从来不知道二字儿怎么写！”）反正大意就是虽然我现在不是第一，但绝不甘心屈居第二。

于是……

他与木桐同吃同住同生共死，投入全副精力改善葡萄园、改善酒庄设施和酿酒技术，建立管理制度，向着一级庄的称号不懈努力，誓与拉菲、拉图共比高。菲利普还是个具有创新精神的青年，在拼命改善酒质的同时，还干了几件该让波尔多狠狠感谢的大事。

今天如果你看到整桶整桶地卖红酒，肯定会嘀咕，这肯定不是啥好货。可那时的波尔多却真是这么卖的，损身价不说，也不好保证原产品质，于是菲利普又成为了第一个吃螃蟹的人。

菲利普男爵表示：为保证葡萄酒是原产自木桐，酒庄从此将自行装瓶！这么一来呢对酒窖容量的要求也就大大提高了。菲利普请来了建筑师，专门设计了一间纵深达 100 米的大型酒窖 Grand Chai，还建起一座宏伟的百米木桶大厅，成为了一个景点，80 多年来吸引拜访者无数，至今还是木桐庄的一大特色。

至于装瓶这件事，当时马上被各大酒庄迅速跟了风，轻轻松松成为了行业标准！

我全能！我越狱！

更令人意外的是，那时的波尔多居然也面临着建设大型石化工业项目的痛楚，谁敢想象世界顶级的葡萄酒是从化工区出产的？

严重的环境污染当然会让波尔多的葡萄酒业毁灭，菲利普努力游说，成功阻止了石化项目，强悍！简直是社会良心。（如果你还记得前几年青岛、宁波、上海等地的抗议新闻，就知道石化项目是多少地方的痛……）

眼看着木桐天天向上，偏偏好事多磨，“二战”来临，菲利普的不懈努力被迫戛然而止，因为犹太人的血统，他被关进了维希（Vichy）监狱，上演现实版的越狱之后，逃到伦敦参加了自由法军，真是全能青年！

而此时的木桐庄被纳粹分子占领，勉强运转。邪不胜正，1945 那一年，“二战”胜利，历劫归来的菲利普重回庄园，继续努力晋级。

诞生世纪之酒

那一年，经历了战乱的木桐居然酿出完美无缺，被酒评家罗伯特·帕克 (Robert Parker) 评为满分的世纪之酒，远远甩开了拉菲和拉图。完美到什么程度呢？

有人说，如果要体验中国的成语“流芳百世”，只要品一品 1945 年的木桐酒就明白了。这可是天大的双喜临门，人逢喜事精神爽，菲利普一高兴就想出了一个好主意，邀请青年艺术家在酒标上创作，那一年是：象征胜利的“V”字，胜利、和平与葡萄酒浪漫地在一起，还有菲利普的亲笔签名。

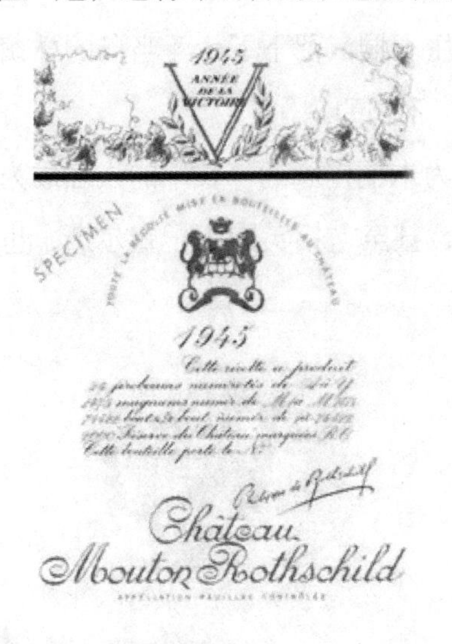

诞生传统：一年一名画

酒庄每年邀请世界各地著名画家，用以作为木桐庄这个年份的标记。画家的报酬是五箱不同年份已达成熟期的木桐庄酒和五箱该年份的木桐庄酒。而历年来名画家的真迹不但成为了木桐庄的标志，还为木桐庄酒庄建起了一个名画博物馆，成了波尔多的游客必去之地，也为木桐庄酒庄增添了浓厚的艺术气氛。其中最出名的一幅画要数用于1973年木桐庄Label上的毕加索Picasso的“酒神祭”。

1804年西班牙画家戈雅在入住木桐之后创作了著名的《裸露的玛哈》，之后，米勒、塞尚和库贝尔纷纷入住木桐，留下了《亚当鸟的林荫》、《树木与房屋》不朽的画作。

至此为木桐作画的一长串的人名成为了天下无双的风景，甚至包括英国王子查尔斯，也有中国的水墨大师！

1972年毕加索画的酒标

贴在瓶上的标签，说白了就是酒的说明书，却硬生生被菲利普整成了艺术品，从1981年起在世界范围内的42个城市巡回展出，还是莫斯科、伦敦、纽约之类的重量级城市。更厉害的是，酒标单独成为葡萄酒爱好者们的收藏珍品，买珠还椟的节奏啊~

传说现在要集齐由1945年至今的全套，需要RMB50万元以上。酒标制成30欧元一套的明信片，每天都能卖掉几百套。真真是营销的高手。

1999 年和 1982 年中国羊年酒标

打倒别人家的孩子，创造奇迹！

努力到这个地步，再不成功简直是没有天理！木桐的实力突飞猛进，实际上早有了一级庄的实力，于是菲利普提出了升级申请。

以为这就成功了吗？ Too Young，Too Simple!

升级却遭到拉菲酒庄表兄最强硬的反对，为什么总是本是同根生，相煎何太急！不过不怕，此时的木桐今非昔比，菲利普发动猛烈商战，抖一抖就能让整个波尔多震三震。首先法国葡萄酒界是非常传统的，自 1855 年分级后，从没有进行任何变动。菲利普提出了升级后，心思缜密地做了一系列事情。他先把主管分级的“葡萄园分级联合会”中的 61 名成员逐个找到，一一地说服他们同意。其次，再通过法国国家法定原产地保护院的批准，最后要通过法国农业部。待他通过这些官僚机构的道道关卡时，才意识到原来最大的阻碍来自隔壁拉菲酒庄的表兄。菲利普男爵气炸了，决定打价格战，而且不是降价

是涨价。菲利普敢于这么多，肯定是对自家的酒信心十足，当然市场也各种给他面子。价格战对波尔多的影响巨大，不仅震动了顶级酒庄，同时影响到了整个葡萄酒的价格。除此之外，木桐还凭借自己独特的艺术酒标和作为首个提出副牌概念的酒庄，在波尔多形成了巨大的风格影响。这场没有硝烟的战役一直持续到 1973 年，拉菲酒庄终于放弃了对木桐申请一级庄的阻碍，在致菲利普男爵的信中表示，拉菲酒庄“不再反对木桐被接受为一级葡萄庄园”。

半个世纪的心血终于得到了最大的回报——木桐庄园被法国政府晋升为一级庄，那是 1855 年波尔多分级制度唯一的一次改动，一个永远的传奇。

得偿所愿的菲利普又一次发挥文艺青年的本色，作诗一首：“Premier je suis, second je fus, Mouton ne change.”（友情翻译：从前不认识二，现在不认识二，当然今后也不可能认得二！）大意就是我今第一，然而木桐依然不变。

当然了，菲利普男爵的功绩还远远不止于此，隔壁的西施佳雅之所以能在欧洲风靡出彩，很大程度上就是依靠菲利普男爵的慷慨借苗；精力旺盛的菲利普男爵在帮好基友的酒庄登上意大利王座之后，又蹦跶到了美国的那帕，开创了 Opus One。这支被称为“作品一号”的红酒将两大葡萄酒巨头的毕生的经验与纳帕谷的风土特质完美地结合在一起，俨然成为了另一段传奇的开始。

1988 年，菲利普过世，很多波尔多酒庄都为他下半旗，一代波尔多传奇就此终结。木桐庄由菲利普的女儿接管。斯人已逝，而木桐还在继续前行。

你若坚持，香气自来

你知道吗？木桐的所在地叫上梅多克（Haut-Medoc），在法国大名鼎鼎的波尔多左岸，一个阳光灿烂，河海交汇的地方。远古的汪洋沉淀了沙石，留下贫瘠的土地明明缺乏营养，反而成为酿葡萄酒——赤霞珠的天堂！原来是葡萄为了生存，拼命往下扎根汲取营养，不断坚持，才成就了木桐酒独一无二的香气。

葡萄如此，木桐如此，人亦如此。

荣耀与光环的背后，总有与之相当的辛酸与汗水，想要成功，就必须坚持到底。你若坚持，香气自来。这大概是木桐传奇最好的诠释。

Tips:

1. 五家一级酒庄中，只有木桐庄整年对外开放，让访客亲身步入特色建筑，了解从种植葡萄到葡萄酒入瓶的每个细节，并品尝美酒。木桐酒庄的酒香十分独特，带有浓烈的咖啡香味。

2. 木桐庄的葡萄酒艺术博物馆非常有名。由法国文化部长安德鲁·梅瑞斯在 1962 年亲自主持开幕式，专门收藏与葡萄酒相关的各类艺术品，由金银餐具收藏开始，逐步发展出包括绘画、瓷器、陶器、玻璃器皿、铜器、象牙雕刻、雕塑和编织艺术品收藏，是欣赏葡萄酒与艺术的上佳博物馆。

3. 木桐是第一酒庄世家组织（Primum Familiae Vini）的成员之一。这是一个顶级家族酒庄的联盟，11 个会员全部在欧洲。

【五大酒庄之奥比昂酒庄】
送你一座城堡那算不算爱情

如果波尔多五大名庄打群架，你猜猜结果会怎样?

最有可能的结果是：奥比昂（Chateau Haut-Brion）被揍得很惨！因为——其它四个是老乡，都在梅多克（M é doc）产区。

如果 61 个列级名庄混战呢?

那奥比昂估计要鼻青眼肿地跑回家了——“六十个打一个！算什么英雄好汉！”

1 个格拉夫区 (Graves) vs.60 个梅多克，结果不言而喻。不过我们倒是比比看谁养老金交得比较久！当梅多克还是一片沼泽的时候，奥比昂就已走过数个世纪！

它吃过的盐比梅多克四兄弟吃过的米还多，就连名字也多：奥比昂，红颜容，侯伯王。那气势，仿佛美国短篇之王欧·亨利，到了个地儿就换个ID。

红颜容这个美丽的名字呢，多半是酒庄常作为嫁妆得来的。

很久很久以前，奥比昂当时还是一块地，当时在波尔多附近的利邦市市长名下，恰逢市长家的闺女长成了一个亭亭玉立的美少女。

机缘巧合下，美少女嫁入了贵族庞塔(Pontac)家族，豪门联姻——没点压箱底的嫁妆怎么行？于是市长把奥比昂送给了女儿当嫁妆。

丈夫在嫁妆地里为妻子建起了城堡。

可是不够！买下隔壁的，又建了一座，据说那是波尔多酒庄城堡中最浪漫、优美、典雅的。

另外还购买土地，扩大酒庄面积，做足准备，从1525年开始真正酿制葡萄酒，75 年之后便进入了国宴，当时法国国王用奥比昂的酒招待宾客。还有“隔壁老王”，一年中居然至少喝掉了169

瓶奥比昂，御酒的身份让奥比昂庄越来越好。

等到 Pontac 三世的时候，酒庄面积翻了一番，地毯是皇太后赐的，装饰用金子，完全是一个金光闪闪的土豪形象。说土其实有点冤枉，人家是既豪又时尚的，1666 年走出国门，在伦敦开了一家名叫朋塔克的小酒馆，只卖奥比昂的酒和法国美食，这个小酒馆可谓是人声鼎沸，汇聚了各种领域、各种型号的知识分子，俨然成为伦敦时尚人士扎堆的热门地。

更牛的是——那个年代出口到英国的法国酒通常是散装的，到英国后才装瓶，贴上英文标签。而奥比昂不用披着英国的皮，却仍然非常受欢迎，并且价格不菲：当时奥比昂的开盘价：550 里拉 / 吨，而拉菲仅：410 里拉 / 吨。

然而好景不长，辉煌的奥比昂又在Pontac家族传了几代，最后给传丢了。1749 年奥比昂庄园走上了古往今来大家族们不能避免的一条老路——分家，于是 2/3 产权莫名其妙就跑到了玛歌庄园的富美尔（Fumel）

家族口袋里。没过多久法国大革命爆发，对于奥比昂酒庄来说又是雪上加霜。首先是庄主菲米尔伯爵不明不白被处以极刑，他的侄子在获得发回的财产后将奥比昂酒庄售给拿破仑一世的外交部部长，之后就火速收拾细软远走高飞，随之奥比昂庄园被充公。最后落入巴黎银行家——约瑟夫·尤金·拉瑞尤手里。

话说这个巴黎银行家约瑟夫·尤金·拉瑞尤在拍卖中买下奥比昂酒庄后，五年后又将酒坊购回，还真别说，没多久酒庄又有了生气，似乎隐隐恢复到了弗朗索瓦时代的规模。这时候奥比昂酒也开始大量出口到美国，尤其受到了新奥尔良地区的热烈追捧。这是为什么呢？千万别以为新奥尔良只热衷鸡腿堡，从文化上来说人家活脱脱是法国的死忠粉。

银行家也果真是有实力的，经营得有声有色，在 1855 年的波尔多分级中被列为：一级酒庄！

当然了，奥比昂庄园被评为一级酒庄，还有个不得不提的原因就是：它非常幸运且成功地逃过了 19 世纪那场令大部分庄园主都恨得咬牙切齿捶胸顿足却没啥办法的根瘤蚜灾害。可以说它是那场

灾害下留存的几枚硕果之一，更重要的是这个结果为酒庄的可持续发展大大保存了实力。世间之理，盛极而衰，奥比昂后来又遭遇危机，葡萄园逐渐经营不善，几近破落，也是艰辛得不行。直到 1935 年遇到一个好主人才恢复元气，那绝对是一段美丽的缘分。

当年有一个非常富有的美国金融家——克兰斯·帝龙（Clarence Dillon），他太喜欢葡萄酒了，就决定干脆去波尔多买一个顶级酒庄（有钱，任性！）——原本去谈白马庄。偏偏当天大风大雨大雾，Clarence 想找地方避雨，一躲就躲进了离城不远的奥比昂。（白马庄在心碎……）

忘了说，奥比昂绝对是最靠近市中心的酒庄，简直是城中的世外桃源，距离波尔多市区仅 2 公里，步行 20 分钟可达。

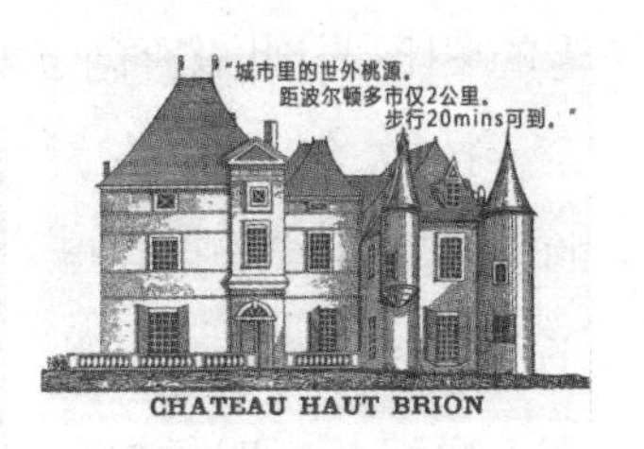

近水楼台先得月，这下看出来位置的重要性了吧，学区房不是白贵的！美酒美食招待着，Clarence 喜欢不已，吃饱喝足，开始闲聊，酒庄主人透露了一个重大秘密——

于是双方一拍即合。自始，帝龙家族拥有了奥

比昂酒庄。Clarence 接手之后，开始修复古堡，扩建酒窖，还革命性地在波尔多第一个使用不锈钢发酵桶，奥比昂终于又活过来了。

之后奥比昂到了 Clarence 的儿子 Douglas 手里，果真虎父无犬子，干的是政治，美国驻法大使、副国务卿、财政部长，还不忘借机搞营销，招待各国贵宾，用的全部都是奥比昂的酒，变相为自家酒做推广，将酒庄声誉推向历史新高度。

1958 年帝龙家族成立了奥比昂的控股公司，古老的奥比昂从此就奔向了现代化。

1967 年，Douglas 的女儿 Joan 嫁给卢森堡王子，奥比昂酒庄又做了一次嫁妆。叫做 Joan 的女人不知道是不是骨子里都自带美貌与能力的双重强悍基因，像是后世的 Joan Fontaine、Joan Jett 什么的，这位卢森堡王妃可没有就此过上沙龙下午茶鸡尾酒会的生活，而是成为家族中最强有力的核心力量，把酒庄经营得一片声势大好。她接手之后，奥比昂酒庄才开始在经营中获利。

首先它干净利落地改良了酿酒方法，使酒的质量改头换面，同时长期与著名酿酒的狄玛仕（Delmas）合作负责庄园的酿酒事宜。这一番尝试可以说成效显著，因为在 1989 年奥比昂与狄玛仕创造了合作 30 年以来的第一个冠军酒，这款酒的业界评分几乎达到了满分！

如果要描绘 1989 年的这款冠军酒，恐怕只有用“引人入胜”来形容了。这款酒的酒体颜色偏深，并不像是已经被岁月沉淀了几十年，甚至它的酒香依然浓烈，富有明显的格拉夫夫区的泥土、黑莓、烟熏和矿物的香味。最特别的是它酒质纯净且平衡。随着时间的流逝，杯中酒香及口感仍在不断变化，就像个风姿绰约的王妃，在时光的辗转中，洗练出了自己独特的气质。

不仅如此，顺便还兼并了另外三个顶好的酒庄：

昆图斯酒庄（Chateau Quintus），美讯酒庄（Chateau La Mission Haut-Brion），克兰朵酒庄（Clarendelle）。

Dillon 家族葡萄酒王国不断扩展，如今，奥比昂传到 Joan 的儿子手里，一个曾经怀揣着编剧梦想，闯荡好莱坞的卢森堡王子。能让一个王子心甘情愿守候着酒庄，奥比昂的魅力可见一斑。

Tips:

1. 波尔多的顶级酒庄极少在顶级酒单上出现两次，只有奥比昂是例外，是唯一一个以红白葡萄酒双栖顶级酒单的酒庄。不仅红葡萄酒闻名世界，白葡萄酒更为出色，产量极少，一价难求，是波尔多干白葡萄酒之王。

2. 奥比昂的酒据说是最适合跟红颜共饮的美酒。年轻时清纯可爱，丰浓的红果诱人，香味平易近人，颜色深紫；中度陈年后，兼有少女的可爱和成熟女人的魅力，果味澎湃，新橡木香味充盈口腔，成熟的单宁匀和；成熟后热情大方，烟草味、焦糖味、黑草莓味、咖啡和少许松露味，气质迷人，而橡木的香味则向你暗送秋波，成熟而美好的单宁，酒体尽显妩媚姿态。

3. 奥比昂的酒瓶与众不同，为上大下小的蹲状（squat）瓶形，由 Clarence Dillon 设计，1958 年开始使用。

【五大酒庄之玛歌酒庄】
一个成功的女人，背后总有一群事儿妈

（友情提示：本集出场人物将达 56 个民族那么多，建议泡杯热茶耐心阅读。）

如果你听过法国波尔多（Bordeaux），一定也听过“左岸”和“右岸”这两个关键词。

如果你没听过的话，那你现在也听到了啊。

右岸有钱，左岸有脑

“左岸右岸”这俩词最早起源于法国巴黎塞纳河的划分。14 世纪权力中心随着法国皇宫一起移到了塞纳河右岸，形成了经济中心。而文化知识界则聚集到左岸，以建立卓尔不群的精神境界为目标。人们常说“右岸有钱，左岸有脑”。

所以波尔多的模式就是“右岸负责赚钱养家，左岸负责貌美如花”。

客官你别着急！这不是《世界地理》！你听我

说下去！

说到这个波尔多左岸，传统中的波尔多名酒庄几乎都驻扎在这儿了。这些名庄有三个位于波伊雅克（Pauillac）村，一个位于碧莎（Pessac）村，而玛歌庄园则位于玛歌（Margaux）村。

这三个村号称波多尔的——“S.H.E”！在那么多酒庄里玛歌酒庄无疑是最璀璨的一颗明珠，就跟范冰冰走在人群里一样的耀眼。

不擅经营

早在12世纪“拉曼·玛歌（La Mothe de Margaux）”这个名字就已经出现，只是那时候还没有走上种葡萄这条致富奔小康之路。

拉曼·玛歌的历届庄主都是当时响当当的名门望族，然而对于酒庄的发展并没有什么用……

直到——利斯通纳克家族（Lestonnac），这第一个事儿妈的出现。

没错这就是一个有钱且任性的家族，他们得了一种不买点什么就浑身不得劲的病。

1590 年 Lestonnac 家族正式建立庄园，并在 10 年间将整个酒庄的产业进行了重组。从长远角度考虑，在梅多克产区开始放弃谷类作物种植而改种葡萄。

正所谓“粪肥土，土肥苗”，玛歌酒庄拥有的 265 公顷肥沃土壤绝对是葡萄品质棒棒哒的根本保证。酒庄面积的三成被用来种植葡萄。这个比例一直保持到今天。

Lestonnac 家族拥有了玛歌酒庄近百年之久，然而由于女传子，子传女的关系，令其原有姓氏早已不复存在。

革新技术

土地有了，葡萄也有了，到 18 世纪初的时候，

您的好友柏龙先生（Berlon）上线。

在当时盛行红白葡萄混酿的年代，柏龙先生是第一个将红葡萄与白葡萄分开酿酒的酿酒师。他同时也是第一个坚持不在早晨采摘葡萄的人（傲娇脸）。他认为早晨的葡萄上挂满了露水，如果那时采摘，葡萄的颜色和味道都会被露水冲淡。总的来说他是一个不走寻常路的水瓶任性男孩。

柏龙先生非常注重土壤对于葡萄的影响，他认为土壤的品质会直接影响到酒的口感，而且当时现代化的葡萄酒酿造法已经初现端倪。

这些非常事儿的做法使玛歌葡萄酒不断飞跃，品质越来越好。经过几个世纪和几代人的努力，玛歌酒庄的葡萄酒最终成为了极品佳酿。哪怕当时在波尔多有众多小鲜肉酒庄如雨后春笋般出现，玛歌酒庄早已以吴彦祖的姿态屹立于葡萄酒之林。

1705 年，伦敦公报第一次公布了波尔多葡萄酒的销售量：230 桶“Margose”！

1771 年份的葡萄酒第一次出现在佳士得拍卖行的目录中。

“波尔多葡萄酒”的名号传到了大洋彼岸，美

国第三任总统托马斯·杰斐逊（Thomas Jefferson）将玛歌酒庄所产的葡萄酒放在了波尔多地区佳酿等级第一的位置。他订购了1784年的玛歌红葡萄酒，他认为，没有比这瓶更好的酒了。

Jefferson的眼力真是了得，在60多年后的1855年评级中，此四大名酒全进入了列级名庄中的一级酒庄，而玛歌酒庄是唯一一个赢得20分满分的酒庄。

法国大革命结束了，波尔多的金色时期也跟着结束了，玛歌酒庄当时的一个庄主被雅各宾派送上了断头台，就这么完成了一个龙套角色的历史使命。

接着玛歌酒庄的藤蔓、树林、田野和工厂全都被革命家们作为国有资产出售拍卖。

后来罗拉·菲梅勒（Laure de Fumel）成功地从米高（Miqueau）那里买下酒庄。罗拉·菲梅勒是利斯通纳克、朋达克（Pontac）和奥莱德（Aulede）家族的唯一后裔。虽然听起来接下去要长篇大论的样子，然而不幸的是，他们和玛歌的缘分也没有维持到最后，只是成为了一个看起来接手时间比较长的龙套而已。

到了1801年，玛歌酒庄又！被！拍！卖！了！于是这位来自De La Colonill家族，非常有头

有脸有地位的霸道侯爵，伯特兰·杜亚特（Bertrand Douat）上线了！

他不仅有钱有权还有颜！（好吧，我承认最后一个是我自己杜撰的。）我们的新上线的霸道侯爵对葡萄酒并没有多大兴趣，玛歌酒庄看起来只是他借以混进上流社会的一种手段罢了。

有钱人的世界我们不懂！不懂！

世界文化遗产

之后 70 岁的侯爵开始重建酒庄，也正是他让波尔多的建筑成为一种流行趋势。他找到了设计建造了波尔多大剧院的路易斯·库姆斯（Louis Combes）设计重建了玛歌酒庄，使得玛歌酒庄被世人称为“梅多克的凡尔赛宫”。在法国，这是其中一座为数不多的新帕拉底奥风格的建筑，于 1946 年被列入世界历史文化遗产。

不过还没住进这些新建的庄园，上帝他老人家又故技重施发动了嫉妒攻击技能，侯爵不久后于1836年辞世。

而在此期间，来了一个比牛魔王还要牛的人，他就是——拿破仑·波拿巴（Napol é on Bonaparte）。

玛歌堡藏有波尔多甚至法国最名贵的酒，它是梅多克最壮观的庄园，但真正让它闻名于世的，是因为拿破仑。

拿破仑第一次到玛歌堡，是距离他在巴黎圣母院举行皇帝加冕典礼还有半年的时候。当时，亡命英国的朱安党头目组织了一批刺客，到处追杀拿破仑。拿破仑的好友拉斯特侯爵夫人，当时正掌管着玛歌堡，她便请拿破仑来玛歌堡躲避几天。

从此,玛歌堡的好酒使得拿破仑一生情牵玛歌，最后竟生出一段胜也玛歌败也玛歌的悲情。

成也玛歌，败也玛歌

1805年12月2日，拿破仑亲率法军在奥斯特里茨村，与库图佐夫的俄奥联军展开激战。拿破仑调运来几十个装满玛歌堡好酒的橡木桶，他让每个士兵都要喝酒壮胆。最后，奥斯特里茨战役以法军大胜而结束。后来，拿破仑的大军打到哪里，装满玛歌好酒的橡木桶便跟到哪里。玛歌堡的酒已成了拿破仑心中的护身符，以至于后来滑铁卢战败，拿破仑也把它归结为士兵没酒喝，所以斗志没有了。

后来，拿破仑在被流放的圣赫勒拿岛上，竟恳求看守他的英军士兵，去为他拿些玛歌堡的酒来。而在拿破仑的《圣赫勒拿回忆录》里，他再次提到玛歌堡的酒对他打仗的重要性。他在书中写道："因大雪封山，使得100桶玛歌堡酒未能运到滑铁卢前线。"由此可见他对战败的耿耿于怀和对玛歌堡的情有独钟。

后来又看了一些野史，爆了一些鲜为人知的秘事，也有说滑铁卢一站败北是因为拿破仑犯了痔疮……那我也就不清楚了。

后来，由于侯爵的继承者跟他一样。对酒庄都不感兴趣，于是……玛歌又！被！卖！了！

酒庄被出售给一位西班牙侯爵，亚历山大·阿加多。

之后虽然玛歌酒庄历经世界经济大萧条、霉霜病、根瘤蚜、白粉病，全球葡萄酒业都遭受到巨大的打击（对！就是隔壁拉菲遭遇过的那些），但酒庄在历任庄主的精心照料下，葡萄园仍然保存得相当完好。1893年酒庄收成非常丰盛，产量极高，甚至到了酒桶都不够装不得不停产的地步！这一年的产量甚至超越了传奇的1870年。

继老庄主死后，他的财产都归于女婿特雷穆瓦耶公爵名下，然而这个女婿好死不死也是个不喜欢酒庄的人，对于酒庄的态度完全是：不主动不拒绝不负责。

但是天不亡玛歌！

1934 年，波尔多大酒商 Ginestet 家族终于收留了玛歌酒庄并悉心照顾，玛歌酒庄再也不是姥姥不疼舅舅不爱的姑娘了！

然而，神转折又出现了。

70 年代初 Ginestet 家族经营不善，继续资金周转，所以不得不出售玛歌酒庄套现……历史总是惊人的相似。

但这是一个有尊严的家族！“咱们出售也是有条件的！”

1. 必须保留 Ginestet 公司作为玛歌酒的独家经销权。（钱还得进我们这儿！）

2. 原有雇员不得被新买主炒鱿鱼。（真是好老板！）

3. 为了感谢 Pierre Ginestet 对玛歌酒庄所做的贡献，新买主必须允许 Pierre 终生居住在酒庄城堡。（外面房价太贵了！）

虽然有各种苛刻的条件，但是还是有国外买家争相竞投。可惜法国政府傲娇地认为“玛歌酒庄是法国不可分割的重要历史文化遗产”，所以千方百计阻扰外国买家介入。

Ginestet 默默地翻了个白眼，只能作出包括金钱的各种让步，终于在 1977 年成功地卖给了一个在法国经营超市网络的希腊人——安德雷·门泽罗（Andre Mentzelopoulos）。

至此，玛歌才拍着胸脯喘了口长气儿：总算安定下来了！真是命运多舛啊！

技术大开发

这个安德雷·门泽罗是何许人也呢？要知道他能顺利把玛歌收入囊中还是有一定过人之处作为敲门砖的。

首先他当时作为法国最有名的食品连锁店总经理，同时身兼法国最大葡萄酒连锁店的最大股东，这样两顶颇有重量的乌纱帽压在头顶，怎么着也够让法国人另眼相看了。

然而至于国籍这事儿，那可真不好说。不知道安德雷之前就入了法国国籍一切都进行得顺理成章呢，还是他为了玛歌啥啥皆可抛，毅然决然把国籍揉碎了扔到垃圾桶里去。

不过怎么样都好，他都算是得偿所愿了。

感觉机会来临的安德雷，立即对玛歌酒庄投注了大量资金，进行大范围的改革。酒庄在排水系统、开拓新的种植园等方面得到很大改善，酒庄和其附属建筑也得到了重建和革新。

在酿酒方面，在一代酿酒宗师艾米丽·佩诺德（Emile Peynaud）监督下，“玛歌红亭”被重新定义并进行改进，酒窖里增加了很多品种的葡萄酒，并采用新橡木桶陈酿。

而“玛歌白亭”也将被重新定义。

所谓的玛歌白亭，即全部都采用长相思葡萄酿造波尔多最好的干白。

安德雷·门泽罗所做的这一切都是为了使这片沃土能够恢复昔日的生机，他对于玛歌酒庄来说绝对是一个跨时代的人物。

1978年玛歌酒庄迎来了一个好年份，然而安德雷·门泽罗还没来得及分享玛歌酒庄丰收的喜悦就受到上帝嫉妒技能的五万点伤害，于1980年去世。

之后他的女儿，科

琳·门泽罗（Corinne Mentzelopoulos）从父亲手中接过了重担，并一直担任庄主到现在。

在整个团队和酿酒师艾米丽·佩诺德的支持下，科琳开始投身于玛歌酒庄的事务中。1983年，酒类博士学位的农艺工程师保罗·朋达利尔（Paul Pontallier）加入玛歌酒庄的大家庭，成为酒庄总监，他主张“让酒来告诉你”是一种共识，酿出顶级好酒是对于“博士”的最好证明。1982年，国际市场对波尔多葡萄酒的需求剧增，这对玛歌酒庄来说也是一项新的挑战。第一个对这个顶级酒庄表现热情的是美国市场，随后跟风的是英国和德国，之后日本也加入浪潮。紧接着香港地区、新加坡、苏联和中国内地的热情买家也争相追逐玛歌葡萄酒。

2001年时任国家主席的胡锦涛同志访问法国时，据说当时法国安排的是举世闻名的拉菲庄，但是因为胡主席对玛歌庄的酒有偏爱，所以最后特意

安排了参观玛歌庄，并亲品1982年的玛歌庄园红。

所以现在很多人去高档场所消费时，只要跟服务员说，胡主席喝什么酒我们就喝什么酒，服务员就会明白是玛歌庄的酒了。

大事年表

1590年

Pierre de Lestonnac

放弃谷类作物种植而改种葡萄。从种菜农升级为葡农。

17××年

埃利·巴瑞（Elie du Barry）

不断革新的高超酿酒技术和对细节强迫症般吹毛求疵，使得玛歌酒庄的葡萄酒最终成为了极品佳酿。

17××年

罗拉·菲梅勒（Laure de Fumel）

此家族经营玛歌酒庄长达三个世纪。

1801年

伯兰特·杜亚特（Bertrand Douat）

设计重建了玛歌酒庄，被世人称为“梅多克的凡尔赛宫”。而后列入世界历史文化遗产之列。

18××年

亚历山大·阿加多（Alexandre Aguado）

单纯地喜欢住在这里……

1879 年

皮雷·威尔（Pillet Will）

战胜天灾人祸，产量突破历史最高。

1934 年

Pierre Ginestet

经营不善，将玛歌套现。

1977 年

安德雷·门泽罗（Andre Mentzelopoulos）

大范围改革,同时改良老产品,令玛歌完美复活。

1980 年

科林·门泽罗（Corinne Mentzelopoulos）

将玛歌推向全世界。

Tips:

玛歌正牌酒标 vs. 玛歌副牌酒标

VS

【五大酒庄之拉图酒庄】
开车一不小心就会错过的城堡

想必你们都知道，就像霍格沃兹的四位创始人一样，波尔多五壮士也是各有各的脾性：侯伯王酒庄古朴大气，像一位无形的智者；玛歌酒庄典雅温婉，充满紫薇的端庄沉稳之底蕴；木桐霸气侧漏，典型的穿衣显瘦脱衣禽兽；拉菲则是雾里看花水中望月，城堡与游人之间隔着一条小溪，可远观但是想亵玩的话，不好意思请出门左拐一直走别再回头。

拉图酒庄（Chateau Latour）委婉一点地说，

它的酒和拉菲的比起来可以说是“阳刚”和“阴柔”的区别，拉图的酒质要更雄壮一些。同时这是一个开车一不小心就会错过的神奇酒庄。如果有人能够倾听到拉图的心声，那想必会是这样的：“唉你到了……唉你停车啊！我在这里啊！我就是拉图啊！……喂！别走！”

我是塔楼

在梅多克众多富丽堂皇的城堡中，拉图酒庄的主建筑物，简直就是屌丝级的，唯一供为辨识的标志居然是个塔楼！（虽然拉图酒庄法语名字的含义就是塔楼的意思……）而且现在能看到的这个塔楼和酒标上的古塔楼造型，估计差了五十条南京东路……

说好的复古造型呢！上面一脸尴尬动作僵硬好像腰肌劳损了的狮子呢！

我是历史

这座塔的前任是拉图庄早期历史的见证。拉图酒庄的历史可以追溯到 1331 年。中国古有吴三桂冲冠一怒为红颜的故事，欧洲则有英法两国国王为阿莲娜翻脸继而发展出“英法百年战争”的故事。

波尔多的所有权之争便成了英法两国之间无数

次战争的导火线。而拉图庄的塔楼，成为了标志性的兵家必争之地，士兵奉法王之命死守塔楼，但是经过三天然并卵的激战，塔楼最终被英国军队夺下并建立了要塞。经过多年的战乱，这座塔楼最终还是在 1453 年的战争中被法国的军队打败了。

17 世纪的时候又重新修建了一座塔楼作用是为信鸽巢。据说现存的这座塔是用那座古塔的石头建成的，不过这听起来太虐狗了，我真是不敢相信……

我也得卖酒

到 17 世纪末，拉图庄主要还是租借给农民打理，酿酒的质量那叫一个那叫一个差（low），不适合陈年。

然后，葡萄王子尼古拉斯·亚历山大·塞居尔（Nicolas-Alexandre de Segur）又上线了……（酒庄故事出镜率也太高了吧！给你加个牛肉盒饭！）

他的父亲塞居尔公爵通过联姻和继承占有了拉图，然后又很花心地纳了拉菲、凯隆世家几个小妾，尼古拉斯则继承了父亲的

爱好，并扩大了家族的葡萄酒生意。

18 世纪的拉图大小也是个红人了。在当时很多土豪富二代都热衷于波尔多几个著名酒庄的名酒，拉图就是其中之一。像美国总统托马斯· 杰斐逊也是拉图的粉丝儿，虽然他同时还爱着别的酒庄……真是个花心的 boy！

我被分割了

1755 年尼古拉斯下线，拉图的命运也因此改变。由于继承关系，拉图转由侯爵儿子的三个小姨子所有，终于和拉菲说再见了！从此开始一个人骄傲的旅途……

1855 年波尔多对酒庄进行等级评定，拉图名列顶级一等酒庄的行列，梅多克地区流传着一句谚语：只有能看得到河流（吉伦特河）的葡萄才能酿出好酒。

19 世纪中叶，正由于水道的地理优势，葡萄酒贸易以迅雷不及冲会员之速度发展，由此带动了欧洲越来越多的消费者爱上波尔多的好酒。此时一瓶拉图的价格 = 其他普通波尔多酒 *20，进入了酒庄的黄金时期。

我出国了

20 世纪中期，随着部分家族成员卖出其所有权，主要的控股人已经是英国的两个集团波森(Pearson)与哈维 (Harveys of Bristol) 列级庄落在英国人手里，这到现在恐怕还是触动法国人脆弱神经的一桩往事。这一消息震惊了整个法国，不少法国人视其与卖国行径无异。

但英国人对拉图品质的贡献也是巨大的，他们对于酒庄事务并没有做过多的干预，完全委派给当时著名的酿酒师让 · 保罗 · 加德尔（Jean–Paul Gardere) 负责。加德尔先生确实也没让法国人失望，充分利用职权对酒庄动手动脚。正是在这一时期，拉图率先采用了不锈钢发酵罐，这一行为遭到了保守的法国人的嘲讽，并说他们“啊哟，几天不见酒庄成牛奶站了啊？”

然而不锈钢发酵罐的优越性，拉图作为这项发明的首创人所得到的酿酒成效是非常明显的。它首先毫无疑问节省了发酵时间改善了高度的涩感并形成完美的温控，它已经成为现代化酒庄的标配。我们暂且认为这是“瞎猫碰到死耗子啦”！英国股东对酒庄资金的注入和任人唯贤的管理让拉图迅速摆脱“二战”的影响，进入了另一个黄金时代。

我又回国了

1989年已成为哈维集团东主的里昂联合集团（Alliance Lyonnais）以近2亿美元的天价把波森集团手中的股份购回，法国重新拥有了拉图！然后在1993年法国百货业巨子，春天百货公司（Printemps）的老板弗朗索瓦·皮诺特（Francois Pinault）以7亿2千万法郎购下拉图城堡的主控权。

Tips:

拉图酒庄的“一门三杰”：

正牌酒叫做“Grand Vin de Chateau Latour”

副牌酒称为“Les Forts de Latour”

三牌酒则简单以“Pauillac”命名

三个等级的酒经过严格的分级挑选酿制而成。

其中的副牌“小拉图”虽然不能算是拉图的正

规部队，但是酿造过程丝毫不带马虎的，拉图以其刚劲浑厚的风格在“五大名庄”中独领风骚，小拉图作为副牌也半点不失其刚劲浑厚的风采，口感多半要等陈年后才能体现出成熟的风韵。品酒师帕克认为“小拉图”是所有副牌中最牛的一个，完全可以列入第四等顶级。在精挑细选之下，拉图城堡平均每年约 55% 的产量，约 22 万瓶成为正牌酒。不好的年份，如 1974 年，正牌酒的产量更低到全部产量的 25%。

拉图酒庄的五件趣事：

1. 拉图酒庄和波美侯的柏图斯酒庄有着非常相似的土质——两者都拥有被称为“argile gonflante（膨胀黏土）”的黏土质土壤。但拉图酒庄的葡萄园在黏土之上还覆盖了大量的碎砂石。

2.18 世纪的大部分时间，拉菲和拉图酒庄都由 S é gur 家族拥有。1718 至 1720 的两年期间，S é gur 家族也曾经拥有过木桐酒庄。所以，传奇般的 S é gur 家族曾经一度拥有过五个波尔多一级酒庄中的三个。

3. 每一瓶从拉图酒庄售出的葡萄酒都以绢纸手工包装。酒庄雇佣两位女工全职负责这一工序，确保其完美。

4. 被矮墙包围的 L’Enclos 葡萄园中，七匹马在辛勤地工作，它们对土壤的影响显然比拖拉机要小得多。同样的道理，工人们需要骑山地自行车在酒庄的 85 公顷葡萄园间来回穿梭，也是因为这样对环境的影响较小。

5. 酒庄庄主弗朗克斯·皮诺特（Francois Pinault）是法国最著名的艺术品收藏家之一，藏品超过 2000 件，他对现代艺术家如 Jeff Koons，Robert Ryman 和 Bruce Nauman 的作品都相当有研究。挂在拉图酒庄品酒室中的是瑞士摄影师 Balthasar Burkhard 的作品“斑马（1996）”。

【勃艮第第一之罗曼尼·康帝】
连拉菲都要说句牛气

说起有钱就是任性这事儿吧，

你可能会想起我老公……

在葡萄酒界有那么一个任性的酒庄：

什么！世界上竟有如此厚颜无耻之人！ 对！这货就是法国最古老的葡萄园之一罗曼尼·康帝。

法国葡萄酒著名的产区中，最耳熟能详的是波多尔产区和勃艮第产区，世人都能知晓的柏翠酒庄（Petrus）和拉菲酒庄（Chateau Lafite Rothschild）都在波尔多，土豪追捧的对象。

而谈到勃艮第产区的时候很多人都会说……

开玩笑的。

当谈到勃艮第产区的罗曼尼·康帝（La Romanee Conti）酒庄时，哪怕是顶级波尔多庄园的

主人（比如伊甘酒园的亚历山大老爷子）也会表达崇高的敬意，在他们家里，只能偷摸地富有敬意地谈论罗曼尼·康帝这款梦幻之酒。

它是这么来的

罗曼尼·康帝的亲妈是中世纪的圣维旺（Saint Vivant）修道院，自12世纪开始，西多会教士（Cisterciens）手舞足蹈地把修道院区域内的葡萄种植业和酿酒业建设得还真像那么一回事儿。

1232年，水瓶座的勃艮第女公爵——维吉家族的艾利克丝·德·维吉（Alix de Vergy），找了街道办居委会进行了土地所有权以及种植、采收葡萄资格证的公证。

这是罗曼尼·康帝真正意义上的第一位主人。

1584年，罗曼尼酒园被出售，几经易手，于1631年被克伦堡家族收了。克伦堡家族管理时代，罗曼尼酒园不仅声誉日增，连价格也不要脸地跟着一起涨了……

除了梦特拉谢（Montrachet）产区以外，罗曼尼酒园的酒要比周边优质酒园的贵五六倍。

罗曼尼·康帝引发的一场“大战”

1760年，克伦堡家族由于常年沉迷斗地主并且永远使用四个二带俩王导致债务缠身，被迫出售罗曼尼酒园，此时酒园已被公认为勃艮第产区最顶尖的酒园。

而竞争酒园的是当时两位赫赫有名的人物。一位是当时法国国王路易十五的堂兄弟、波旁王朝的康帝亲王（Prince de Conti）；另一位则是法王宠爱的情妇，庞巴杜（Mme de Pompadour）夫人。

对，你没记错，她就是那个把拉菲当水喝的真爱粉。

她其实长这样。

这俩人平日里就是各种撕，在这场竞争里面也终于是撕破脸爆发了。最终因为法王还是更爱康帝亲王多一点，康帝亲王以让人难以置信的高价购入了罗曼尼酒园并支付了相当高的价格买下了窖藏的成品酒。这使得罗曼尼成为了当时世界上最昂贵的酒，确保了它至高无上的地位。

而庞巴杜夫人因为此事，非常傲娇地表示再也不想看见勃艮第的酒了，哼！然后开始在宫廷里面推广唐培里侬（Dom Perignon，香槟之父）发明的香槟酒。

到这儿你也明白了，酒庄后来正式更名罗曼尼·康帝（La Romanee Conti）。

如果胖八度夫人收了这个酒庄，那么现在可能就叫作罗曼尼·胖八度了，一看就是个不会走红的名字……

他也是一个脆弱男孩（boy）

法国大革命之后康帝家族不得不卷铺盖滚蛋了，葡萄园充公。

被频繁地买来买去之后罗曼尼康帝终于忍不住了："爱情不是你想买，想买就能卖！"终于在1869年由葡萄酒专业八级的雅克·玛利·迪沃·布洛谢（Jacques Marie Duvault Blochet）以260000法郎揽入怀中。【约171万软妹币（人民币），但是是在19世纪！】

期间法国爆发的根瘤蚜虫病，很多庄园受到"五万点伤害"甚至数年颗粒无收，只有罗曼尼·康帝不差钱，非常任性地砸了很多钱使用科学的方式躲过此劫。这件事情告诉我们要……

"二战"也给罗曼尼·康帝造成了相当大的损失。"二战"结束之后，庄主已经没钱可以对酒园进行投资了，加上劳动力的缺乏，春季冰雹灾害严重伤害到了大部分老植株，使得那一年酒园只生产了600瓶酒，庄园不得不将老植株铲除。

因此，在1946～1951年这段时间罗曼·尼康

帝没有产出一瓶酒。

所以如果你看到这几个年份的罗曼尼·康帝，那么一定上当了。

有钱你都喝不到

经过布洛谢家族的不懈努力，罗曼尼·康帝酒园终于名至实归，真正达到了勃艮第，乃至世界最顶级酒园的水准。

1942年，亨利·勒华（Henri Leroy）从布洛谢家族手中购得罗曼尼·康帝酒园一半股权。延续至今，罗曼尼.康帝酒园一直为两个家族共同拥有。

其园主曾形容它是:带有即凋谢玫瑰花的香味，使人流连忘返，可以算是诸仙飞返天际时“遗留于人间的东西”。

罗曼尼·康帝还被世界著名酒评家Robert Parker评价为:是百万富翁喝的酒，但只有亿万富翁才喝得到。

现在即便是1瓶1998年的Romanee Conti新酒也要2500美元以上，经过几年的酒全要在5000美元到10000美元之间。那些稀世珍酿更是天价，就算这样还是供不应求。而如今罗曼尼·康帝酒在市面上更是难得一见，酒庄不单独销售，只有购买12瓶酒庄其他园区的酒时，才搭售一瓶罗曼尼·康帝。

不作不死（no zuo no die）的俄罗斯经销商

能够获得酒庄配额也是非常困难的，而且一旦获得配额后也不是一劳永逸的。曾经有个俄罗斯的经销商经过多年等待后终于获得了配额，但是后来罗曼尼·康帝酒庄发现这位经销商的客人将这款酒与可乐混合后喝掉了。于是酒庄取消了这位经销商的配额 。

有价无市，只有在大型的葡萄酒拍卖会上才有可能见到它的身影，一般的市面上你压根儿就不可能看见它。

因此有人说，如果谁有一杯在手，轻品一口，恐怕都会有一种帝王的感觉油然而生。

但可惜了，估计你是买不着的，所以你还是喝拉菲去吧 。

Tips:

罗曼尼·康帝到底为什么这么贵?

如果你了解罗曼尼·康帝酿制葡萄酒的全过程，那么，你就不会质疑，为什么人们将罗曼尼·康帝称为“傲世佳酿的一个传奇”。

酿酒师 Aubert de Villaine 和 Henry-Frederic Roche 对庄园的管理极其严格，质量坚持一贯的高标准。

每次经过连绵的雨季后，工人经常拿着铁锹和铁桶，把斜坡上冲走的土壤搬回到园中，甚至从附近 La Tache 园中借土；园里每公顷种植约 10000 株葡萄，年产量为每公顷 2500 公升，平均每 3 株葡萄才酿一瓶酒，产量低得惊人，也保证了它无与伦比的质量；葡萄的栽种护理方面完全采用手工，不使用化学杀虫剂，尽量少使用其他化学方法。

每年在葡萄成熟的季节，园内就禁止任何参观访问活动，谢绝闲杂人等入园；葡萄成熟时，熟练的葡萄工人手提小竹篮小心地将完全成熟的葡萄串采下，立即送到酿酒房，然后经过严格的人工筛选，才能够酿酒；酿造的时候在开盖的木桶中发酵，发酵过程中，每天将表层的葡萄用气

压式的机器压入酒液，以释放更多的风味。

自 1975 年开始，酒庄就有这样一条规定：每年酒庄使用的橡木桶都要更新。罗曼尼·康帝对于橡木的要求极其苛刻，还拥有自己的制桶厂。

所有这些，体现的是人类对完美主义的高度崇敬。

900 年

马纳赛一世

1232 年

艾利克丝德维吉（Alix de Vergy）

1631 年

克伦堡家族

1760 年

康帝亲王

1819 年

连·欧瓦（Julien jules Ouvrard）

1869 年

雅克·玛利·迪沃·布洛谢（Jacques Marie Duvault Blochet）

1942 年

亨利·勒华（Henri Leroy）（和布洛谢家族共同拥有）

【宇宙最贵之帕图斯酒庄】
一个“三无”的酒王之王

今天要介绍一个很神秘的酒庄

到底有多神秘呢

神秘到只有你想不到没有它做不了

想必你们都已经了解过，牛气逼人的拉菲以及更牛的罗曼尼·康帝了。

但是这个酒庄简直凌驾在他俩上空数万英尺的南天门门口！不仅在价格上以笑傲的姿态昂首领先

了前两者，在产量上更是前无古人后无来者的稀少！

他就是——帕图斯酒庄（Petrus）。

真要仔细说起来这个酒庄，他根本没有“酒庄”！

我们先来看看它的规模，帕图斯酒庄是个极其袖珍的地方。要知道波尔多五大产区的总面积是 2.5 万公顷，然而我们帕图斯所拥有的葡萄田面积竟然只有仅仅 11.4 公顷！

这是什么概念，举个例子，就好比人家五大庄坐拥整个迪士尼乐园，而帕图斯所占的就是迪士尼门口那卖冰棍儿的地儿，比九牛一毛还要九牛一毛。绝对是个在地图上拿着放大镜都找不着的地方。

而且帕图斯十分任性，是八大酒庄里唯一一个不带副牌酒一块玩儿的酒庄。加上质量过硬，桀骜不驯，分分钟就稳坐了波尔多昂贵酒价的第一把交椅。

土豪带你飞

帕图斯坐落在波尔多右岸的波美侯（Pomerol）产区。最开始的时候帕图斯只是个菜鸟级的小酒庄，灰头土脸的压根没有人搭理，在波美侯地区连排位赛都打不了。直到 1925 年艾德蒙·罗芭夫人（Madame Edmond Loubat）从前任庄主阿诺德（Arnaud）家族手中购得酒庄才开始走向发家致富奔小康的道路。

这个罗芭夫人的家族本身就是个不差钱的家族，在本地之前就拥有了两家酒庄。罗芭夫人本人是一位精明的企业家，在利布恩（Libourne）市拥有一家饭店，而她的弟弟也正是该行政区的市长。

罗芭夫人购得酒庄之后，第一步就开始致力打造帕图斯的高规格。

高逼格体现在哪里？当然是价格！

夫人绝对是深谙此道的高手，换了今天法国那些香奈儿、圣罗兰这些顶级品牌走的不也是这么个路线嘛，要是卖成路边的白菜价，东西再好也无法成为谈资。所以罗芭夫人二话没说就先把帕图斯的酒价提了个遍。

逼格一上去，办事就有底气了。接下去罗芭夫人就开始致力于游走各类的富豪官坤朋友中间，凭借自己的魅力和出众的社交天赋给大家做各种推荐。于是帕图斯很快就在法国的高级社交圈迅速火爆起来。

走出法国走向世界

要成为世界级的名酒，仅仅在法国本土如日中天那肯定是不行的。一定还要拥有伦敦和纽约的市

场作为强有力的支撑，要想攻下时尚界，必先占领米兰站，要想攻入名酒圈必先拿下白金汉，怎么说也得背后有人，找几个达人发朋友圈。

机会来了。

早在英国伊丽莎白二世订婚的时候，罗芭夫人又拿出她在法国的劲头来，裙裾飞扬欢声笑语间就不遗余力地将帕图斯引入进了英国的上流社会，让自己家的酒成为了皇亲国戚们的朋友圈必晒，不好意思，是杯中之物。

到了1947年伊丽莎白女皇的婚宴上，罗芭夫人受邀成为了婚宴的座上贵宾，帕图斯又一次成为女皇的喜爱。一时间从巴黎火到了伦敦，以至于变成这样一种风气：酒桌上没有帕图斯的餐厅就一定不是一流的餐厅！

JPM 带你们走进美国

1961年罗芭夫人去世，罗芭夫人生前立下的遗嘱，帕图斯酒庄的股份被分成了3份，其中一份由让·皮埃尔·莫意克（Jean Pierre Moueix）家族继承，另两份由她的外甥继承。1964年，莫意克家族购得其中一位的继承权，成为酒庄的经营者。

JPM 带着帕图斯攻入了白宫，肯尼迪总统瞬间

被圈粉，几乎在一夜之间帕图斯成了美国社交界名人口中竞相谈论的热点，“如果你不知道帕图斯你就会被视为德克萨斯州来的土鳖”。

帕图斯拥有特别的黏土土壤，种植的葡萄品种以梅洛（Merlot）为主，剩余的一小部分为品丽珠（Cabernet Franc）。由于品丽珠成熟较早，所以除非年份特别好，帕图斯酒庄一般不用来酿酒。葡萄藤的树龄通常在40年左右，有些甚至达80年。采摘时，帕图斯都会动用200以上的人力。必须下午之后动工，争取日落之前把葡萄采摘完。这样能保证雾水蒸发了不会导致葡萄酒的浓缩度降低。这样短的采摘时间一定离不开工人多年练就的麒麟臂…

现在来说说“三无”这事儿

1. 没！有！酒！庄！

在波尔多八大酒庄中，只有帕图斯酒庄的名字是个单字“Petrus”，而且其中的字母“u”还是以“v”的拉丁文形式

书写的。

不过除了名字没有“酒庄”二字外，事实上帕图斯酒庄也确实没有一个像样的酒庄建筑……（不是说很有钱的么喂！）

有的只是这样一个破旧的小农舍，但它也在10多年前就已经被损毁了……

所以，当其他酒庄都以“我家城堡都有X百年的历史了……当年是XX伯爵住过的房子……”引以为傲时，帕图斯酒庄却连个房子都不乐意买……就是这么任性！

我酿的酒，好！贵！你们爱喝不喝！

2. 没！有！副！牌！

正所谓“天有不测风云”，与有些酒庄将次等或坏年份的葡萄降级成副牌生产不同，帕图斯酒庄却从来都以“正牌”示人。

好品质自然少不了精益求精的精神，在酿造时，帕图斯酒庄从来不惜工本，每3个月就要更换一次木桶。并且在20至22个月的陈酿期中，也会做到轮流让新酒吸收各种木材的香味，以便于

酒的香味更加复杂精美。木桶的成本之高不亚于葡萄本身，如果你不能理解这个概念，想想看你上班拿那点工资，每三个月都要把你的MAC和iphone砸烂换新的，心痛的感觉瞬时感同身受了吧。（我觉得我的比喻一般般，如果你想到了更好的咱们就替换掉！）

3. 没！有！坏！年！份！

没有副牌的帕图斯，碰上了天气造成的低品质葡萄该怎么办？

他们是这样做的——俺！不！要！了！就比如你是不会看见1991年份的帕图斯的，因为在那年，霜冻灾害给葡萄品质带来了剧烈的冲击，酒庄望闻问切之后立马就决定放弃这一年的收入，挥挥衣袖就把栽种了一年的葡萄卖掉或者丢弃了。

4. 没有等级我们也贵！

正因为各种任性的精益求精，使得帕图斯的葡萄酒品质始终如一，所以平均年产量也极为有限——不超过3万瓶。再加上人类物以稀为贵的天性，价格自然也是贵到没有人性……

而且，帕图斯在每个国家仅有一家特约进口商，进口商有权购买一定数量的酒可以自行决定分配给老客户，由于每一个中间商再予加价，所以最终的售价……

由于法国波尔多地区1855年的酒庄评级只针对梅多克区，波美侯地区被排斥了，因此帕图斯就没戏了。但是金子总会发光的！他们的酒实在太好了，以至于要求重新评级的呼声不绝。然而并没有什么卵用……

法国不愿更改自1855年以来的传统。尽管如此，帕图斯酒庄仍被葡萄酒界尊为顶级酒庄（比拉菲的一级酒庄还要高！）。虽然他没有酒庄。

罗马人赋予了帕图斯独特的风土，并且以“Petrus”命名葡萄园，“Petrus”的含义为石头或岩石。因为在夏天，葡萄园里的土壤干涸得像石头一样坚硬。英文单词“Peter”的变体也是耶稣给基督教使徒的领袖西蒙(Simon)取的新名字，当时他宣布在这块岩石上他将修建自己的教堂。

20世纪40年代，当罗芭夫人成为帕图斯庄主的时候，她重新设计了酒标，酒标上印着圣彼得握着指向天堂的钥匙。几年后，在酒庄引以为豪的地方她修建了圣彼得雕塑。

酒标上的圣彼得 (St. Peter) 头像

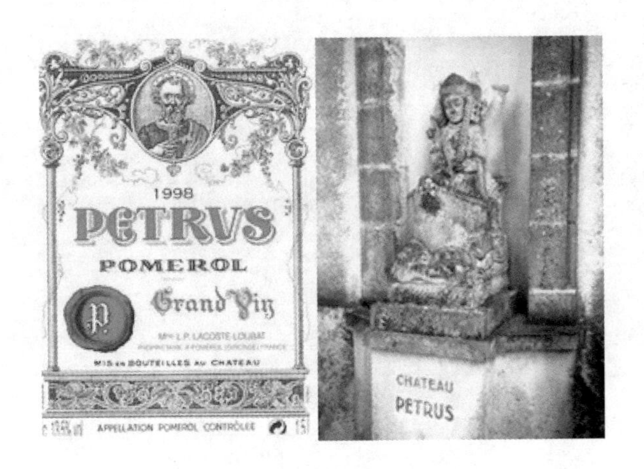

【香槟之王唐培里侬】
神秘到资料全部丢失的香槟之王

本集由神秘的“香槟之王”冠名播出

如果你是个 007 的脑残粉，我可以很不负责地告诉你，在过去的 007 影片中不完全统计，你们的邦德老公大约喝过 32 次香槟、20 次伏特加马天尼、

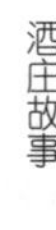

9次伏特加、9次红葡萄酒、8次威士忌、3次白兰地。

如果你是邦德的死忠饭，你可能在小说里看过如下场景：

邦德冲着她一笑“我今晚想喝点香槟，明天我可能就去Grimley了。”吧台服务员显得很高兴。“如果能允许我推荐下，先生，那就喝唐培里侬1946年份的香槟吧。在法国这种香槟非常昂贵，在伦敦很少能买到。”“那就喝唐培里侬吧，马上给我来一杯。”

如果你问我香槟是什么，我打算三米开外给你一记鹞子翻身。

香槟就是“嘣！哗啦啦~滋滋滋...嗝！”的一种最著名的神秘起泡酒。

当然，这就跟不是每一种奶都能叫特仑苏一样。不是每一种起泡酒都能叫香槟。

【根据法律，只有在法国香槟区，选用指定的葡萄品种，根据指定的生产方法流程所酿

造的起泡酒，才可标注为香槟（Champagne）】

作为一个品类都这么事儿的酒，你一定十分想知道他头儿是谁！

……（说好的没有套路不成方圆呢！）

唐培里侬（Dom Perignon）！——来自作者无声的呐喊

或许你会觉得这个名字看着有点耳熟？没错！就是前面那篇罗曼尼康帝的酒庄故事里！当时竞争罗曼尼康帝的两位壕法王路易十五的堂兄弟、波旁王朝的康帝亲王（Prince de Conti）以及把拉菲当水喝的真爱粉、法王宠爱的情妇胖八度夫人（Mme de Pompadour）。

胖八度夫人后来抢输了，立马翻脸不认酒了，放狠话说再也不想看见勃艮第的酒。

然后她扭头就在宫廷里面推广唐培里侬发明的香槟酒，虽然有傲娇的成分在里面，但是要真没两

把青龙偃月刀能让胖八度夫人强行安利？

被誉为“香槟之父”的唐培里侬原本是圣本笃教会的神父，他和修建了凡尔赛宫的太阳王路易十四同年同日生（1638年9月5日）同年同日死（1715年9月1日）。

穷尽一生在本地区南部一个小修道院欧维乐（Hautvillers）管理酒窖，也许是因为葡萄酒是耶稣的血，唐先生这位神父对酒那叫一个情有独钟。

当时修道院的葡萄酒园只生产差劲的酒，神父表示：“这简直就是在侮辱上帝！”然后就把附近各大葡萄园的红白葡萄拿来混酿，以此来改善葡萄酒的品质。东西好了价格也就顺杆爬地涨上去了，但是神父从不吝惜自己的发现，非常乐于分享给其他酒农，后来一切有关香槟的发明，都归功于这位脾气古怪的神父。

担任修道院食物总管的唐培里侬，把含有残糖的酒灌到瓶子里，就跟往日一样放在教堂的酒窖里。出于担心酒被漏掉而加上木塞并捆上麻绳，我不是故意要表现他了不起，但是他的确是最先引用软木塞来保持葡萄酒新鲜的鼻祖啊。

就像我们的预料之中而当时的预料之外一样，瓶子里的酒进行了二次发酵，然后就炸了。

当然我不是要再一次地炫耀唐先生的牛，但是他确实是最先采用更加厚的玻璃酒瓶来解决当时酒瓶易爆的问题。

炸了的瓶子还残留了一些，本以为酒坏了的唐先生，本着贝尔的精神非得尝一尝充盈着气泡的葡萄酒。

结果……

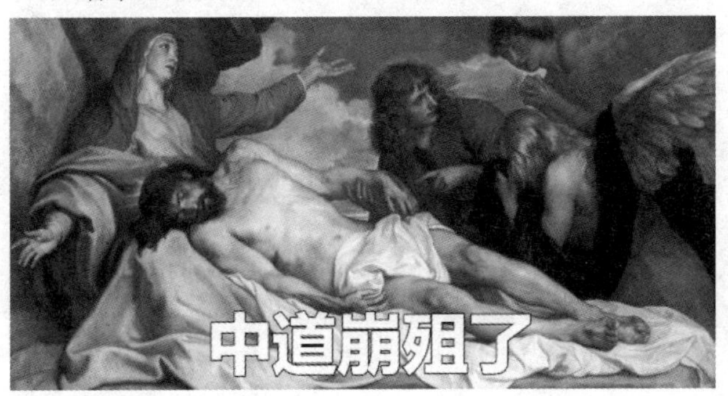

全文完

……

……

骗你的！

结果：

简直好喝得要上天了！缓缓上升的气泡令人意外地带来了清冽爽口的滋味。

没有一点点防备，也没有一丝顾虑，人类第一瓶香槟诞生了。

然后唐先生很顺便地发明了高脚香槟酒杯（flute），并运用换容器法通过虹吸管把酒从一个大桶转到另一个大桶以此来分开沉淀物。

唐培里侬曾这样记下他的秘密：在一品脱（相当于半公升）的无气泡葡萄酒中放入5～6只去核的桃子，再放一点肉桂和肉豆蔻粉。充分搅拌后加半瑟提埃（setier，法国古时计量单位，相当于23毫升）的烈酒，过滤去渣，即可装入酒桶。酒会变得“娇嫩和欢快”，当酒桶安静下来后再保温装瓶就可以了。

唐培里依有自己专属的葡萄园，位于法国最北面，土壤含有丰富的白垩（我听不懂.jpg）。

可以留住太阳的热量和雨水的湿润（我还是听不懂.jpg）。

并慢慢释放到葡萄枝的根部（我依然听不懂.jpg）。

而且每一瓶唐培里依香槟王都是在气候适宜、葡萄质量俱佳的年份酿制。

（每一瓶唐培里依香槟王珍藏香槟都在香槟瓶上有一个限量编号，并只有在达到最佳品尝时间的年份才会出售。从1921年第一支年份香槟开始，仅有39支年份香槟。）

所以有唐培里依香槟王出产的年份也成为了法国葡萄酒最佳年份的标志之一。

这些造就了唐培里侬它浓郁的酒体，以及强劲且持久的口感和悠长的回味（我就没听懂过 .jpg）。

一般的香槟在 5 年后达到最佳成熟期，过了 10 年，如果没有妥善保存，极易走下坡路而唐培里侬香槟就是个水瓶座，不喜欢跟别人一样，他的 10 年却是其巅峰期：细致、优雅，散发出一点点烧烤栗子的味道，带有微酸略甜的涩味，风情万种，迷人之至。

法国大革命时期，欧维乐修道院及其田产 (酒园) 被充公，酩悦酒厂 (Moet et Chandon) 找准机会一举将这座历史古迹买下，俨然成为正统香槟的传人。

现在，修道院已被改成博物馆了。

在 1858 年，另一个极著名的香槟酒厂美斯乐 (Mercier)，他的主人在 1927 年把女儿许给酩悦的少东保罗侯爵，土豪彼此都不差钱，所以就将本公司注册商标“唐培里依”当做嫁妆陪嫁。于是，早已拥有欧维乐修道院的酩悦酒厂立刻将其出产的最好的香槟命名为“唐培里侬”。

顺带说一句，酩悦现属 LVHM 集团（对，就是你知道的那个 LV），所以唐培里侬走的路线也并不面向大（diao）众（si）市场，只生产奢华产品，尽管没有什么实在的记录能考证谁是发明香槟的人。但是在法国，唐培里侬的香槟之父是无可争议的，他是公认的气泡酒（vins mousSeux）生产工艺的发明者。

来自法国的唐先生因此走红成了传奇性人物，曾有传言说他晚年失明，还依然靠着舌尖与鼻子为香槟竭尽心力。但其实这位传奇人物到底是杜撰的还是真有其人，因为法国大革命时期的一把火，修道院的文献都给烧毁了。所以我们除了他是个处女座的香槟爸爸以外，对他的个人信息一无所知。

关于唐培里侬，唯一传世的遗物是两封信（可能是信用卡账单）和几个没什么卵用的契约上的签名，这些也只能证明曾经有过这样一位神父，而他的墓碑上面也没有任何跟葡萄酒有关的墓志铭。也许一切的故事和贡献都是后人好事添上

的，但是在香槟区，他的画像、雕像都随处可见，仿佛每一种酒的背后必定要配上一些传奇的故事才能传世。比如传说有个男爵夫人一枝红杏出墙到隔壁老王家里了，然后就去修道院做忏悔，然后上帝说：接着就把这种酒介绍给了她的情人——当时路易十四的大元帅 Cr é qui 了。（你有考虑过你老公的感受么！）这个大元帅将香槟带进凡尔赛宫，国王和贵族们很快被这种怪异又令人欲罢不能的起泡酒所吸引。打上了中央特供的标签之后，香槟的身价大涨。随后它也成为了自由主义精神的代表，并在英国摄政时期稳固了其地位。之后意料之中的各种起泡酒争相出现，然而“你能模仿我的酒，却不能模仿我的名字”。

RichardGeoffroy 先生——唐培里侬香槟王的主酿酒师说道：“唐培里侬珍藏香槟的存在是香槟向时间挑战的终极表现。”突然抑制不住的想要品尝这一个个的时间馈赠的小气泡。

好！我去喝可乐了。

【浪漫之王凯隆世家】
不爱拉菲只爱你

这世上有这样一种酒，可以让人把心底说不出口的爱意都通过它表达出来，化为无言深沉的告白；它仿佛天生就是为爱而生的，偌大的心形酒标承载的满满爱意，示爱的强大战斗值简直连丘比特见了都要下岗！

怎么样这样看是不是显得个性十足？看着这样的酒标，你别以为这是淘宝九块九包邮买来的好么！这货其实就是传说中有着“爱之酒”之称的凯隆世家(Chateau Calon Segur)。

霸道总裁就好买酒庄

凯隆世家位于圣埃斯塔菲村的北部，她的历史可以追溯法国的罗马时期，那会儿她就已经是一个显赫的贵族庄园了。用我们现在的话说就是“唉，都是宫里的老人儿了”，只是虽然葡萄种植面积广大，但不及波亚克、圣祖利安、玛歌历史悠久，所以乍一看知名度没有其他仨那么听起来光鲜亮丽。

但圣埃斯塔菲村的情况也非常有意思，它位于四大名村的最北边，正好踩在赤霞珠成熟的完美边界上。怎么来形容这个完美呢，简直就是不多不少不偏不倚不南不北，刚刚好！要是再往南一分则太成熟饱满，要是往北退一分又显得太生涩，也不知道是不是掐着算盘撒种的，太会长了！

凯隆世家的乳名叫作 de Calones，法语也八级的我可以负责地告诉你，我并不知道这是什么意思。这个名字被喊了几个世纪之后，直到 17 世纪末……

“葡萄王子”尼古拉斯·塞居尔（Nicolas Alexandre de S é gur）又上线了。

是的，如果你看过前几篇的酒庄故事你就会知道，当时拉菲和拉图都是他的。

然而！有钱人的心思你是猜

不到的！18 世纪初，已经拥有两大庄的尼古拉斯伯爵占有了凯隆世家。

心疼拉菲又输了

凯隆世家酒庄应该算是梅多克产区葡萄种植的鼻祖，早在 13 世纪，凯隆世家就开始缴纳葡萄酒生产税了，在葡萄王子的带领之下。凯隆世家也算是有板有眼地发展起来了。

尼古拉斯伯爵在凯隆世家时曾说过【Heart with Calon】，即【身在两大心在凯隆】。

对此，拉菲表示：为什么！为什么我的每一任主人总是喜欢别的酒庄！你们就

不能专心地爱我嘛，我好累。

也正因为这样，一个“心形”标签至今仍印在酒标上，向后人娓娓诉说着当年尼古拉斯伯爵对凯隆世家的一片痴心。同时为了纪念尼古拉斯伯爵，这座华丽的庄园被命名为凯隆世家庄园 (Chateau Calon Segur)。

尼古拉斯伯爵过世后，由于继任者日日沉迷炸金花，庄园陷入了严重的财政危机，不得不出售。1824 年 Lestapis 家族接下了这个茬。但是他们不是玩玩而已！

在 Lestapis 家族的管理之下，酒庄在 1855 年评鉴中列名三级酒庄。然而，这并没有什么用处。

因为虽然凯隆世家的质量和声誉与日俱增，但是 Lestapis 家族已经玩腻了！想要甩了凯隆世家！又加上钱花没了！于是在 1894 年把凯隆世家卖给了 Gasqueton 家族。

这一次凯隆世家的新主人穆伊·庄斯柯彤（Mme Gasqueton）闪亮登场了，她至今仍住在酒庄城堡里。1995 年，她的丈夫菲利普（Philippe）——梅多克区最传统的葡萄酒酿酒师之一，去天堂找上帝喝酒了。

很多人都猜测她根本不可能继续留在凯隆世家，多半会将酒庄出售然后安度晚年，像是织织毛线啊找邻居唠唠嗑之类的。说这种话的人罚你们现在就去跑圈，请不要看不起女人好么！

事实正好相反，穆伊什么都没有多说。毅然决然就全面接手了丈夫留下的工作，并且以极大的热情和天份投入了凯隆世家今后的发展中。

有人说，千万别被穆伊祖母般慈祥的面孔迷惑，她远远没有大家想得那么柔弱。的确也是如此。她以自己的坚强和出色的能力，毫无疑问地成为了波尔多地区最能干、最精明的女人之一。

我想，她不出售酒庄是因为这里有她跟丈夫的全部回忆，而她想要他们的爱情能够跟着酒庄继续传承下去。

正因着尼古拉斯伯爵对酒庄的深厚的感情，以及穆伊与丈夫的爱情，再配上她独树一帜的心形酒标，这款【爱之酒】被人们当做求爱利器。

“我的心中永远都是你”！

Tips:

无处不在的凯隆世家

《美酒贵公子》

在日剧《美酒贵公子》中，美食评论家木神原夫妇到拉梅卢餐厅庆祝结婚纪念日，两人因误会而产生龃龉。佐竹帮他们选了 Calon Segur，一种需要时间散发酒香的葡萄酒。

夫妇俩在等待的时间中，渐渐消了气，最后终于在酒香中言归于好。

这种酒勾起了片桐的回忆，男友曾用这种酒向她求婚，但她因为事业心强而拒绝了。没想到五年后两人再度相逢，原以为彼此还有机会，没想到男友已琵琶别抱，令片桐情何以堪。

佐竹以同样的酒向她说明，各个时期的酒都有其特色所在，可以用不同的心情去品味。

就好比想到曾经开过的一瓶 2008 年的 Calon Segur，如果以一贯的鉴赏口味去品鉴，它稍显逊色。整个酒液充满了未成熟的青椒气息，粗糙而又强劲的回味在我口腔里横冲直撞，令喉头发涩。这瓶酒显然没有到它该有的适应期。

但奇怪的是今后喝过许多次 Calon Segur，都再也没有留下像这瓶酒这么浓烈的印象。

后来才明白，是因为当年的酒，像极了那时的心境。

有多么强烈的渴望，就有多么的迷茫。一切都在青涩中爆破绽放，毫不从容却格外真实。

或许喝酒如是，人生也如是。

我们没有办法恰好偶遇一瓶正值巅峰的酒，我们也没有办法像拍电影一样筹划好所有的故事然后完美谢幕。

但我们还有当下，每个当下虽然不完美，但都会是将来回想起来最珍贵的品鉴。

【甜酒第一之滴金】

贵腐恒久远，一滴就破产

除了五大庄，还有这样一个特殊的存在。

你不知道的分级

滴金庄，Chateau d'Yquem，在江湖中是神一般的存在。1855 年分级中唯一超一级酒庄的名头，简直让人望而生畏。看起来拉菲、拉图、玛歌、木桐、奥比昂 5 大一级酒庄都要低它一头。

其实当时局势是这样的：当年拿破仑的亲侄子——拿破仑三世，卧薪尝胆后成功入主法国，成为国王。在营销上也是个小能手，趁着家门口（巴黎）举办万国博览会，将自家的酒庄划分等级，炒热营销话题，目的只有一个——让那些法国酒庄出名，很出名，出更大的名。你说他不是股东我不信。

关键来了：

滴金庄产的是白葡萄酒，而梅多克五大庄的绝技是红葡萄酒，两者分开定级排名，不是一个体系，相当于评选最佳男女主角奖，男归男，女归女，所以到底谁更胜一筹，这是一个问题。

不管怎样，这丝毫不妨碍滴金庄的好，大家依旧奉之为女神，对它梦寐以求。它倒也不负纵望，屡次刷新白葡萄酒的最高价格纪录，俘获美国两代总统华盛顿和杰弗逊的心。

美丽的错过，奇妙的诞生

滴金庄的成名绝技是贵腐甜酒，“世界顶级甜白葡萄酒”这个绝技的炼成，神奇程度堪比一落魄少年掉落悬崖，找到绝世武功秘诀，练就一身神功。

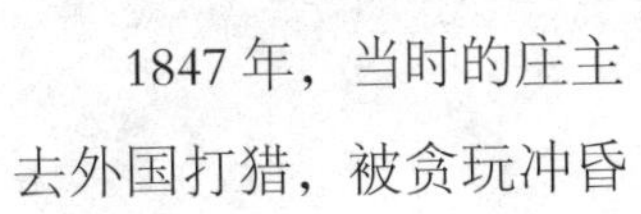

1847 年，当时的庄主去外国打猎，被贪玩冲昏了头脑，错过了葡萄树的正常采摘时节，回来时葡萄已经霉变。

是干脆任性地让葡萄在树上自生自灭？还是洗洗刷刷采取补救措施？庄主大人居然选择了直接用霉变的葡萄酿酒！装瓶后放入酒窖。

12 年后，俄国沙皇的弟弟莅临酒庄。庄主大人不是记性太差，就是存心坑国王，居然拿这酒出来招待，真捏一把汗，分分钟拖出去斩了的节奏。

运气来了，作死都死不了，反而更加活蹦乱跳，特异的酒香深深吸引了沙皇弟弟，也可能是这货喝多了不可自拔，立马掏出 2 万法郎买下一桶。

价格是当时滴金庄正常葡萄酒的 4 倍！从此，滴金庄凭借贵腐甜酒走上了人生巅峰。

滴滴是黄金，有舍才有得

酿制贵腐酒是一件走钢丝的大难事，走好了皆大欢喜，但一不小心就会尸骨无存。葡萄必须萎烂到相当程度才能采摘，不够的只能在树上继续等着。这么作的酿造方式导致：7 棵葡萄树的葡萄才能酿成一瓶，价格高达 300 多美元，甚至经常颗粒无收，酒庄一整年都白忙活了。过去的 1 个世纪，曾有 9 个年份因品质不合要求而弃产。

不过，就是因为严苛的标准才让它成为波尔多 100 年来品质最稳定的酒庄，无可匹敌。

没有失去一切的勇气，将永远无法制胜，舍得置之死地才能凤凰涅槃。

后续：

1968 年，滴金庄传到最后的贵族亚历山大 · 吕萨吕斯伯爵手中，他精心管理36年，不断发展。

最后在1999年，滴金庄被LVMH集团兼并，成为奢侈品的一员。400年家族继承就此终结，开始了另一个时代。

Tips:

法国苏玳产区与匈牙利的托卡伊、德国的莱茵高并称为世界三大贵腐酒产区。

滴金庄的“贵腐甜酒”耐久藏，历经百年而更甜美。贵腐菌的滋生让葡萄中的水分逐渐流失，提高含糖量，不仅没让葡萄失去应有的风味，反而增加了由贵腐菌带来的别样风味。

【澳洲第一之奔富】

其实本来，它是一剂药……

说起历史上学医不好好学，跑去别的行业呛行的人，你第一反应一定会想起：鲁迅。而在遥远的南半球，也有一位学医学着学着就跑偏了的高富帅医生…他就是——克里斯托弗·罗森·奔富（Christopher Rawson Penfold）。

属羊的奔富在地球上线了

1811年属羊的他降生在一个已经有十个孩子的英国牧师的家庭里，在家里排行老十一，江湖上的人都亲切地叫他“十一郎”（我乱说的）。

身为家里最小的孩子，他总是有着自己的思想。

20岁出头他就去往伦敦的圣巴塞洛缪医院（欧洲最早的医院之一！如果你看过福尔摩斯你一定会知道！）攻读医药科，立志成为一名有尊严的医生！

1835年的时候读书读着读着就早恋了就结婚了，他的媳妇儿玛丽荷（MaryHolt）也是一个医生的女儿，正所谓不是一家人不进一家门啊！

1838年结束了学业，他在英国南部海岸的布来顿（Brighton）行医。他父亲于1840年、母亲于1843年过世。33岁充满冒险精神的奔富医生想着的是：

“我要研究一下葡萄酒的药用价值！我要用葡萄酒拯救世界！”

奔富想着是时候离家出走干一票大的了！于是没过几年他就带着他媳妇儿、他女佣、他朋友移民去了澳大利亚……（身边人也太好忽悠了吧！）

您的好友奔富在澳洲上线了

1844年8月8日是个好日子，这一天奔富先生在澳大利亚上线了。他将法国南部的部分葡萄藤走私到了南澳的阿德莱得（Adelaide）。后来他买下了玛吉尔庄园（Magill Estate），次年在这里种下第一颗葡萄种子，终于收获了果实，那天是个伟大的日子。摘下星星送给……（这文有毒！不自觉地唱了起来！）

如果你要问我这种植物怎么可以随便出入境随便就带到别人国家，那么：

当时，奔富先生他媳妇儿负责园地管理、葡萄栽种与酿酒工作，奔富先生就负责搞科研。这就是传说中的“你耕田来你织布，你挑水来你浇园”夫妻模式。

最初种植的葡萄是歌海娜，酿制出的酒主要为贫血患者提供滋补效用，因此奔富获得了“1844 永来不息”的称号。

您的好友葛兰许上线了

他们在葡萄树的中心地带建造了小石屋，夫妇俩叫它葛兰许（Grange），英语八级的我很负责地告诉你这是“农庄”的意思。这也是日后奔富酒庄最负盛名的葡萄酒葛兰许系列的由来。

葛兰许口感优雅、充满果香，有澳大利亚酒王之称。由于稀少，在如今的市场中是众多葡萄酒收藏家竞相收购的一个宠儿。曾被权威杂志《Wine Spectator》称为 20 世纪最顶级的十二款葡萄酒之一，它曾一次次刷新葡萄酒拍卖的价格，其中

Grange1998 曾在 2003 年被拍出了 71,040 澳币（约合软妹币 32 万元）的天价。

葛兰许是该酒庄历史最悠久、品质最上乘的酒品，这里有着最出色的西拉。葛兰许代表了澳洲葡萄酒的传统酿酒技术，一切澳洲葡萄酒的特点都能从其身上找到。

市场要什么就给什么

也就是在那个简陋的石屋内，奔富终于想起来了他还是个医生！他在那儿建立了他的医学实验中心，并且开始为他的病人酿造加强型葡萄酒，俗称奔富 plus【人家明明是波特（port）以及雪利酒（sherry）】。随着葡萄酒需求的增加，奔富先生开始大力增加葡萄的种植面积和产量。

到了 1870 年，葡萄园面积已扩至 60 亩，并且栽种了许多葡萄品种，包括歌海娜、华帝露、慕合怀特和佩德罗希梅内斯（一个葡萄取个名字都比我们爹妈用心！）。酒庄生产的葡萄酒包括甜酒、干红与干白餐酒，主要市场是维多利亚与新南威尔士州。

您的好友奔富下线了

1880年，老天爷又发动了“天妒英才”暴击技能，奔富先生损失50000点血量，【HP=0】。在他去世之后，他的葡萄园和酒厂由他能干的媳妇儿玛丽接管（不是来自东北的马丽！），奔富的经营延续发展起来。可以说奔富酒庄的奠基人应该是他们夫妇俩，前者创造了这个酒园的雏形，而后者则是这个酒园（爱的）延续，是功不可没的超强辅助！

在玛丽的细心经营下，奔富酒庄的规模越来越大。在酒园建立后的35年时间内，酒庄的存酒量达到了南澳葡萄酒存储量的三分之一！奔富酒庄原有的葡萄种植面积也达到了120英亩，成为南澳大利亚第一大庄园。从此以后奔富酒庄就成为了澳大利亚家喻户晓的一个名字。

您的好友玛丽也下线了

尽管玛丽1884年正式退休，但是她的影响力却极其深远。1895年，为奔富酒庄作出卓越贡献的玛丽也遭受了上帝的暴击，与世长辞，她的继承者是她的女儿乔治娜和女婿托马斯。

乔治娜和托马斯的4个孩子被家族的产业深深感染都加入了奔富酒庄并且发挥了重要的作用。其中，儿子弗兰克和莱斯利2人共同经营奔富酒庄直到“二战”，为奔富酒庄的后续发展作出了重要的贡献。所以人们都亲切地叫他们——

您的好友 Penfolds 上线了

而他们也将自己家族的名字改成了 Penfold Hylan。也就在那个时期，奔富垄断了整个澳大利亚葡萄酒市场，产业达到了最高峰，从一个小小的庄园变成了澳大利亚葡萄酒业的（水）龙头。20 世纪 20 年代，奔富酒庄正式采用“Penfolds”作为自己的商标。

玩的就是出其不意

20 世纪初，加度酒成为了当红炸子鸡。奔富就在这期间以备受欢迎的加度酒稳固了市场地位。虽然澳大利亚的优质葡萄酒供应在两次世界大战的影响下极为有限，但奔富却出人意料酿造了“意大利干红”来满足在

昆士兰州工作的意大利移民。

“二战”后，许多新移民开始定居澳大利亚。奔富年轻的酿酒师马斯·舒伯特原本决定去欧洲学习如何酿制雪莉酒。然而跑偏了。20 世纪 40 年代，奔富成为当时南澳最大的酒庄。

一趟波尔多之旅让舒伯特开始研究酿造像波尔多一样可以长期窖藏的红葡萄酒。50 年代的时候，之前提到的葛兰许其实是由此诞生。60 年代，葛兰许终于证明了澳大利亚葡萄酒的窖藏潜质，就像吃了炫迈一样根本停不下来！

你的好友 Bin 上线了

60 年代初期，容易跑偏的酿酒师舒伯特发现虽然每个年份的葡萄酒有它独特的表现，在风格上却有许多相同之处，那就是他们都是葡萄味儿的（明显瞎掰的 ）这个发现成为了奔富 Bin 系列（Bin 389，Bin 707，Bin 28 和 Bin 128）的主要酿酒理念，更促成了“酒庄丝带儿”的发展。

整个 60 年代，奔富酒庄不断开发各类平价亲民的餐酒系列，在整个红葡萄酒市场上可谓是哪儿哪儿都是奔富。除此之外，奔富酒庄也没有忘记那些土豪们，开发了限量顶级葡萄酒，以 Bin 作为标志。而在这期间，奔富酒庄成为了一家上市公司。

1976 年推出的 Bin 707 以单一品种赤霞珠酿造，在短短几年内再次证明了奔富的市场领导地位。1986 年，约翰·杜瓦尔成为首席酿酒师。他的酿酒技术与天赋为 80 年代的奔富打下了坚实的基础，以酿造口感香醇和谐的葡萄酒著称。

创新出奇迹

到了 90 年代，奔富酒庄开始进行产品创新。酒庄推出了白葛兰许霞多丽，预示着澳大利亚不仅红葡萄酒能酿得棒棒哒，酿白葡萄酒的能力也是世界一流的！

之后酒庄推出了以巴罗萨谷西拉（Syrah，当地称为 Shiraz）酿造的 RWT 系列，使品质更上一层楼。RWT 是 Red Winemaking Trial 的简称，喻义“酿制红葡萄酒的考验”，被酒评家定位为自“奔富酒王”葛兰许以来的另一支超级佳酿。

它是奔富酒庄的一个新的风格，使用了法国橡木桶而放弃美国橡木桶，从而使得酿造出的葡萄酒拥有让人难忘的丰满度，强而有力，色泽艳丽。香气更加复杂内敛，不同于美桶赋予葡萄酒的甜美和奔放，法桶则更多给予熏烤气息。

澳大利亚葡萄酒=奔富

2002年奔富葡萄酒已销售至世界各地，说起澳大利亚的葡萄酒就能让人第一时间想到奔富。奔富酒庄所推出的产品能够全面照顾所有市场的需求，它的风格展现了澳大利亚慷慨的民族精神与风貌。不过不知道会不会有袋鼠味儿？

奔富酒庄遵循“有多少优质葡萄就酿多少好酒的”简单思路，不追求数量上的辉煌而是质量上的经典。这点也让这个牌子在世界顶级葡萄酒的评选中一直独占鳌头。

Tips:

奔富 8 个庄园覆盖产区

阿德莱德 (Adelaide)

奔富最早的起源地，酒王葛兰许 (Grange) 就在此诞生，20 世纪中期以后因阿德莱德的城市扩展，导致这个葡萄园缩减至 5 公顷，主要种植西拉子葡萄并出产量小但精致的高端奔富葡萄酒。

麦拿伦谷 (McLaren Vale)

紧邻阿德莱德产区，这里的地中海气候导致常年气温不高，昼夜温差不大，主要种植歌海娜、赤霞珠、梅洛和长相思。

巴罗萨谷 (Barossa Valley)

稳定的气候和炎热的夏天导致这里酿造的葡萄酒有着深邃的颜色、多变的果香气息和良好的陈年能力，主要种植西拉子和赤霞珠葡萄。

克莱尔谷 (Clare Valley)

奔富于 1978 年在克莱尔谷收购了葡萄园，这里常年有着凉爽的海风和比较寒冷的夜晚，适合种植喜寒性葡萄，奔富主要在此区种植白葡萄雷司令和

霞多丽。

古纳华拉谷(Coonawarra)

古纳华拉特有的红土壤能够使葡萄藤有着更少的枝叶和更浓郁的果实，这里的赤霞珠闻名于全澳大利亚，奔富在此种植的赤霞珠有着丰富浓郁的果香和扎实的酒体，非常适合陈年。

【美国第一之作品一号】
你真以为我们是卖可乐的？

本集由一直猴赛雷的罗斯柴尔德家族强行点播播出

1979 年，那是一个春天，有一个老人在大天朝的南边画了个圈（敲黑板：这是送分题！）

邓爷爷画完了圈没多久，在太平洋的彼岸也有两位老人决定——

法国五大名庄之一的木桐庄（Chateau Mouton

Rothschild）庄主菲利普·罗斯柴尔德男爵（Baron Philippe de Rothschild）

（拉菲这么正好也是他们家族的囊中之物）

与美国最负盛名的罗伯特·蒙大维（Robert Mondavi）

于是他们左手右手一个慢动作，画完了1979年轰动酒界的大圈——在加州纳帕谷建立起了作品一号酒庄（Opus One Winery）。

然而不是每一对基友在海誓山盟之前都看对方顺眼的，菲利普曾经用非常鄙夷的语气说过："美国葡萄酒就像可口可乐一样，每种味道都差不多。"而罗伯特听到之后就表示：

然后暗暗发誓要让这个傲娇的法国人在自己身下……对不起走错片场了。

然后暗暗发誓让这个傲娇的法国人刮目相看，于是1971年罗伯特向菲利普提出了联合建立酒庄。土豪罗伯特提供，最优秀的葡萄园、硬件设备以及家乡特产——钱。

菲利普则派出木桐酒庄最优秀的酿酒师，1980年他们正式宣告成立合资企业，这是一段代表着新世界（美国）与旧世界（法国）的联姻。我称这段基情为“罗罗CP”，请原谅我。

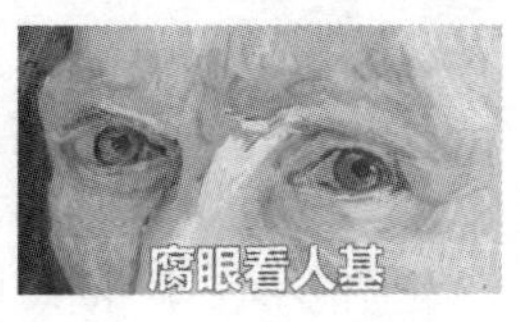

1981年第一届纳帕谷葡萄酒拍卖会上，好基友的合资企业所产的单箱葡萄酒创造了加州产葡萄酒的最高价——24000美元，这让两位好基友意识到：

然而连个名字都没有，有个卵用（实力摊手微笑）。1982年，罗罗CP终于开始设计名字和酒标了，首先俩人达成了共识，选用源自拉丁文的词作为酒庄的名称，这样说英文的、法文的人都能看懂（坐拥 960 万平方公里土地、13 亿人口的中国表示不服气）。

于是菲利普选择了在音乐上表示“作曲家第一首杰作”的“Opus”作为酒庄名，没两天他又觉得一个单词显得特别不磅礴，生怕人看不懂这个“第一”，硬是在后面加了个 "One"。

所以有了现在的酒庄名“作品一号（Opus One）”

OPUS ONE

作品一号的酒标也是十分地别致，浅乳白色的标签，用简单利落的笔触勾勒出蓝色的罗罗 CP 头像剪影，下面注以二人的签名。

——来自灵魂画手沃·兹基·华德

（希望设计者和粉丝不要骂我）

……

……

（我曾经想当个画家的，现在你们也看出来我为什么放弃了）

好了原版长这样：

有这么一句名言说道：不喜欢扎堆下蛋的母鸡

是无法下更多的蛋的——沃·兹基·硕德。

作品一号坐落在纳帕谷的橡树镇，这个产区现在如雷贯耳，因为就这么巧，膜拜酒啸鹰酒庄和哈兰酒庄也在这儿扎堆了。

这里的盛夏时气温35度，但会受到夜间和清晨雾气的影响，这样有利于赤霞珠（Cabernet Sauvignon）和梅洛（Merlot）的成熟。所以在这样一个得天独厚的地方，作品一号主要以赤霞珠为主。这里的赤霞珠无疑是全世界最成功的赤霞珠之一，作品一号大部分酿酒葡萄产自To Kalon葡萄园，这是橡树镇最有名的葡萄园，早在19世纪70年代就开始种植。这里的赤霞珠品质纯净，又生机勃勃，优良的气候环境使得酒体饱满，果香奔放而有活力。

酒庄的采摘通常在凌晨两点开始，每一串都确保手工采摘，以保持葡萄的酸度和新鲜果香。采摘

下的葡萄按葡萄园不同的地块分类盛装，分别发酵，以观察土壤和微气候对葡萄风味的影响。橡木桶中的培养用10种以上的法国橡木桶，培养酒的复合香气和酒质的复杂性，葡萄酒发酵后会在法国橡木桶中成熟18个月，装瓶后还会继续熟成16个月。酒庄有严格规定，不允许对外提供橡木桶中尚未最后熟化的酒品，因此，作品一号干红一般要在葡萄采摘3年后再进行上市发售。

反正就是怎么麻烦怎么来。

尽管作品一号的初衷是创造出自己的风格而不是山寨版的波尔多，但行家们还是在品完之后反映“深红的色泽、黑莓与橡木桶香味、饱满而深沉、让人确信其耐得久藏”。似乎看见了波尔多特别是梅多克地区的风景。

酒庄现在由菲利普男爵的闺女菲丽萍女爵接管，她在结束了自己的演艺生涯之后，投身酒庄，为酒庄的设计、建筑风格带来了独创的风格。1991 年，斥资 2600 余万美元、带有法国 18 世纪建筑风格的新酒庄建成。

敢称自己的酒为“第一号作品”也不怕被世人所诟病的，恐怕也就罗伯特和菲利普这样两位拥有最强王者地位的传奇人物才能做得出来。

实不相瞒：

菲利普男爵于 1988 年去世，享年 85 岁，罗伯特也于 2008 年以 94 岁的高龄离去。作品一号就此成为罗罗 CP 的绝唱遗留人间。

【德国第一之伊慕酒庄】
地有多大产，我们也只卖这么些

德国,全世界最寒冷的国家之一,大概有这么冷。

那里冷归冷，但那儿有着一群热情如火的酿酒人。用他们最引以为傲的葡萄品种雷司令，淬炼出一滴滴闪闪（bling bling）的金色佳酿。而这些佳酿，即使是一瓶普通的新年份的冰酒，在德国的市场价也在 1000 欧元以上，堪称德国最昂贵的冰酒。

传说他们就住在山的那边海的那边。（有……一群蓝精灵？）

哦不！是在摩泽尔（Mosel）产区的伊慕酒庄（Weingut Egon Muller Sharzhof）。

我不知道酒庄会怎么没的

但是我知道酒庄是这么来的

Egon Müller Scharzhof

酒庄年纪也不小了，历史要从 6 世纪一个叫作说出来你也不会认识的小镇（维庭根镇）往前走两步就到了的一座名为沙兹堡（Scharzhofberg）的小山上面说起（沙兹堡的葡萄园在德国声名显赫，是在酒标上仅标葡萄园而不标村庄名的少数葡萄园之一，其地位相当于法国的勃艮第）。

但凡有点历史的酒庄都跟修道院攀点亲，但是，伊慕酒庄是个非常有尊严的酒庄！他们的前世是 6 世纪建成的圣玛丽修道院（Sankt Maria von Trier）。

1794 年 10 月初，法国军队占领了整个盛产美酒的莱茵

河地区，代表法国大革命打破权威与教会势力。从此，贵族统治的自由风气也传进了这个封闭的河谷。

（好了我们这节历史课就上到这里……）

“片儿警说这里要改建了”

原本属于教会和贵族的庞大葡萄园随之被充公、拍卖，小农制的葡萄园犹如各种微博网红诞生般地成立，由此开启了德国葡萄酒地新纪元。也是在这时，造就了生产世界最昂贵的葡萄酒的酒园——伊贡·慕勒酒园的诞生。

不怕高富帅有钱就怕高富帅有脑

1797 年现任庄主伊贡·慕勒四世（Egon Muller IV）的高曾祖父柯赫趁此机会购得了酒庄。

也许每个人在弥留之际脑子里想的都是……

然后柯赫留下了葡萄园给 7 个子女继承，接着就在我不知道的那一年殡天了。

他的女儿伊丽莎白（Elisabeth），嫁给了菲力克斯·慕勒（Felix Muller），除了通过继承得到的葡萄园外，他们还购买了许多葡萄园。到了 1850 年前后，酒庄葡萄园面积已经扩大至之前的 2 倍左右。

1887 年，伊丽莎白第二个儿子伊贡·慕勒一世的岳父，经过一番尔虞我诈的厮杀之后（当然这是我设定的剧情），买下了柯赫其它子女手中的部分

地块。此后，酒庄一直归慕勒家族所有，至今已经是第五代。

风土

酿酒葡萄的种植范围一般在纬度 30 ～ 50 度之间，德国可以说是全球最北的葡萄酒产区。寒冷的气候虽然不适合种植红葡萄，但白葡萄却意外地在这种极限的条件下有着绝佳的表现，而其中雷司令更是超群出众。伊慕葡萄园的土壤是片岩，就是一片片板岩层层叠叠，土少所以透水性好，降雨量大的时候能以迅雷不及掩耳盗铃儿响叮当仁不让世界充满爱你没商量的速度排水，而且又能保温释热，提高地温。

既是德国的酒庄，园里种植的葡萄树自然全是号称“德国葡萄种植业旗帜”的雷司令，每公顷 5000 ～ 10000 株。目前树龄大部分已经超过五六十年，不少是“二战”前种植的。

控制产量才能保证质量

后来，老伊贡·慕勒觉得年纪大了总是懒懒的不想动，就不太参与园务，于是就放权给了

长子小伊贡·慕勒负责。

小伊贡·慕勒是一个腼腆的男孩，他默默地爆发着他的小宇宙。

他接下重担后，十分爱岗敬业，堪称德国的王进喜。伊慕酒庄的葡萄园管理属于比较保守的方式，多次中耕从不使用化学药剂，并以修剪的方式控制产量，将更多的精力放在了对葡萄以及酿酒的质量上。

每年秋天采收酿酒完之后，小伊贡·慕勒都会风尘仆仆地奔赴到世界各地实力安利自家的酒。

我们就是贵，反正你也买不到

在慕勒家族的不懈努力之下，伊慕酒庄出产的酒成为了德国乃至世界最出色的雷司令之一。伊慕的雷司令香气幽雅，细腻精致，具有经典德国雷司令风格。

而除此之外，这里出产的冰酒和枯葡精选 (TBA) 也是尤为珍贵。伊慕的冰酒味道较淡，精致淡雅宛如素妆的佳人，与流于甜素的加拿大冰酒有天壤之别。

而枯葡精选并非每年都酿制，即使老天帮忙其产量也是极其稀少，每年最多生产 200 ~ 300 瓶，因此与年产量达 6000 瓶的罗曼尼·康帝不可相提并论。再加上高昂的气候风险和采摘及精选葡萄所耗费的繁重人工，都大大抬升了伊慕的生产成本。

伊慕出产年份极少，目前在 Wine-Searcher 上显示的现存年份仅有 1975、1976、1989、2003、2005 和 2011 这 6 个。每个年份都称得上“伟大”，因此每瓶伊慕 TBA 都极具收藏价值。

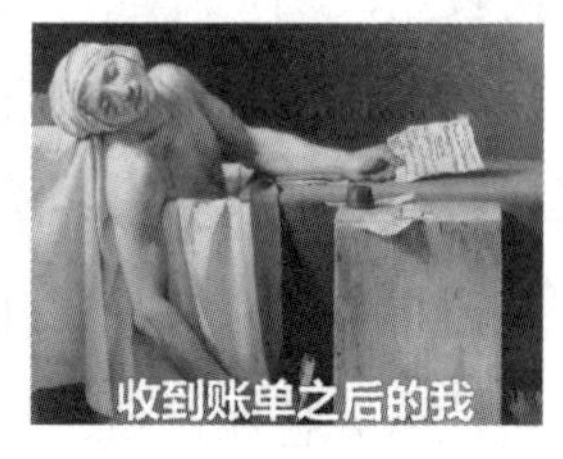

它不是北京的学区房，也不是新疆的切糕，但却总是能拍出“啊啊啊好特么贵”的高价。

老庄主伊慕三世说过：葡萄酒的品质 100% 在葡萄园中就已决定，在酒窖中也不可能变成 101%。但如果能将 100% 的葡萄酒潜力完全转化到酒瓶中，也是伟大的成功。说完然后酒庄就成功了。

【智利第一之伊拉苏】
这大概是一个开挂的冒险故事

本集由【智利酒王】无赞助播出

对不起本篇并不想给你一个有趣的开头……

但是你如果略过这篇往后翻的话我敢打包票：

书翻到这里想必你就算只吊过葡萄糖也会知道，葡萄酒的世界里还分了帮派——旧世界 VS 新世界。

智利因为起步相对较晚又没有什么牛的修道院撑腰，所以自然地被归在了新世界里。

说是说起步晚，但其实 16 世纪一些懂葡萄酒的西班牙移民，使得智利在 1551 年就有了开始酿酒的记录。而那些乘风破浪去澳洲的欧洲移民，那会儿应该还在海上漂着呢。

怀里从隔壁修道院掰下来的几根葡萄枝还不知道往哪儿插。

这样一看智利人得瑟了，“我们老早就有经验了，你们这些撸 sir 追不上的！”

可以肯定的是这些经验能帮他们做出地道的好酒来。

（以下内容请脑补赵忠祥老师的语调）

智利拥有十分丰富的地理风貌，有狭长的山脉（西半球最高峰——阿空加瓜山 + 迈坡山），有水（阿空加瓜河），地形造就的多样性的气候（海洋性气候＋地中海气候），夏季温暖干燥，冬季寒冷多雨，这些都使得这个国家不但是座农业岛和名副其实的葡萄种植天堂，还能以无害生态的农作方式，生产出优质的葡萄。

这样一个不种葡萄都对不起上帝的眷顾的地方，终于是迎来了一个伯乐——马克西米诺·伊拉苏（Don Maximiano Err á zuriz）。

1832年出生在智利圣地亚哥的马克西米诺先生，他的家族其实最初是来自西班牙的巴斯克（Basque），一个兴旺的显赫家族。伊拉苏家族来到智利之后的100年间完全没有闲着，曾在智利的政治领域和社会历史方面发挥了重要的作用。其实也没多了不起，也就随便为智利培养出了4位总统、2位大主教、不计其数的外交官、作家和实业家，以及不止一款杰出的葡萄酒。

在老马22岁的时候娶了媳妇儿阿玛利亚·厄曼尼塔(Amalia Urmeneta),他的老丈人乔斯·托马斯·厄曼尼塔（Jos é tom á s Urmeneta）说：

（你以为老丈人是新东方的么！）

其实是拉着老马一起开了个公司印钞票去了(铜币制造公司）。一年之后，钱估计是花没了就又成立了圣地亚哥天然气公司。那会儿电力设施还没普及，智利首都大街小巷的公共照明都是他们的天然气公司提供的。

但是身为一个有志青年光挣钱是不够的，物质已经不足以填满老马的内心。

于是在老马 25 岁的时候进入了智利下议院（Chile’s Chamber of Deputies），担任了三个任期的国会议员，为议会效力了 9 年。这很明显是一个男人娶了好媳妇之后就疯狂开挂的故事，然而世界上没有永远的挂。

老马的妻子在为他生下第 4 个孩子之后，便不幸去世，年仅 24 岁。这（大概）体现了计划生育的重要性。他陷入了巨大的悲痛之中，就跟现在的人一样，失恋了就来一场说走就走的旅行，然后他就去了欧洲。

而其实早在 18 世纪中叶，智利一些土豪穿越大西洋去到欧洲已经是非常普遍了。他们回国的时候不仅带着欧洲最潮的时尚、烹饪和建筑艺术，同时也顺走了关于葡萄酒以及酿制的最新理念。

老马受到欧洲所见所闻的激发，以及同样喜爱葡萄酒并拥有酒庄的岳父的影响，深信智利具备酿造高品质葡萄酒所需的一切条件（就是上文的地理课必考知识），然后就聘请了法国酿酒师准备回国建酒庄了。

伟人跟我们的差距就是：人家出国带技术，我们出国代购。

当时大部分人都是在圣地亚哥郊区开园建酒庄，但是老马这个疑似水瓶座的 boy 偏要去找偏僻的风土绝佳之地。他骑着马穿越了 100 公里终于来到了葡萄种植的天堂——阿空加瓜山谷，在他到来之前这里可以说是一个蛮荒之地。所以我说他真的就是个爱冒险的水瓶 boy，或者是因为血液中流淌的移民开拓精神。

总之，马克西米诺为智利发现了一个前所未有的“葡萄酒宝地”。

他开凿灌溉水道，种下从法国顺回来的葡萄苗，在 1870 年建成了一座名为 Villa Err á zuriz 的现代化村庄。村里不仅有供工人居住的房舍，还有一座教堂和学校。

他们第一批骄人的年份葡萄酒产于 1873 年，“From the best land, the best wine.”最好的土壤才会有最好的酒，在马村长的葡萄酒人生中，一直坚信这个理念。

对于葡萄，老马一直认为它们都是孩子，需要爱和教育以及精心的呵护。他的理念在那个时代被视为实业家和自然界和谐共处的典范，就算是在现代看来，也是能被编入教科书的。而马村长最骄傲的是，他曾经是那个时代，全世界范围内拥有葡萄园面积最大的个人！

到了晚年，马村长逐渐淡出了公众的视野，将更多的时间用在了祷告和帮助那些不幸的人。1890年，58岁的老马离世。

四代之后，马克西米诺的后裔阿方索·查威克·伊拉苏（Alfonso Chadwick Err ά zuriz）挑起大梁，和他的儿子爱德华多·查威克一同经营这个家族企业。

阿方索是个一心两用的家伙，除了在赚钱这一块很突出以外，同时也是一位技艺高超的马球选手。担任了智利国家队多年的队长，带领国家队赢得了19场公开竞标赛的冠军（和吉尼斯纪录只相差一场），他被认为是智利历史上最优秀的马球选手。

阿方索在19世纪30年代早期的智利首创了葡萄酒经纪人制度，1942年他买下了位于上迈坡谷300公顷的圣·约翰·德托库娜酒庄（San Jos é de Tocornal）的房产和葡萄园。

他曾经心爱的马球场地，如今种上了葡萄，而这些葡萄酿成的酒是以他的名字命名的，这无疑是最棒的礼物。

阿方索1993年辞世之后，他的儿子爱德华多接任了他的位置。一百多年后，伊拉苏家族依然活跃在智利葡萄酒界的一线，并通过一次被称之为智利葡萄酒“里程碑”的柏林品酒会 (Berlin Tasting) 把智利红酒带到了一个新的高度。

在这里我们不得不多提一提震惊葡萄酒界的 PARIS Tasting 巴黎品酒会（我知道你不知道，其实我也不知道，所以我现在说来给你知道一下）。很多人会认为最好的酒都出自波尔多，但是总有人表示不服。于是一位英国的酒评家 Steven Spurrier 在巴黎便组织了一次盲品会，拿着一堆美国加州红酒和波尔多红酒，也不告诉你谁是谁你就可劲喝吧。结果加州酒的评分居然压过了波尔多的酒，加州酒立马就身价百倍了。

从这次品酒会之后新旧世界葡萄酒开始正式分

庭抗礼（1976年）。

爱德华多一看：

然后爱德华多就委托Steven Spurrier又安排一次品酒会，这次品酒会在2004年1月23日的柏林举行。所以就叫Berlin Tasting柏林品酒会好了（就是这么随性），邀请了36位欧洲酒评家、买家，盲品比试16款酒：六款智利、六款法国波尔多、四款意大利（都是2000和2001年出品）。结果胜出的当然不会是旧世界的酒，不然我这么多铺垫不都白做了。2000年份的伊拉苏庄园的Chadwick以及其与美国MONDAVI合作的SENA两款酒排名第一和第二！（SENA是爱德华多和罗伯特·蒙大维合资创办的酒庄，没错就是那个创办作品一号的罗罗CP的罗伯特！一个喜欢到处合资的土豪。）

在柏林品酒会上，2000年份的拉菲第三，2001年的玛歌位列第四，2001年份的拉图则排在了第六。一不小心就超越了这么些波尔多的大牌还有点不好意思。虽然这次品酒会没有引起巴黎品

酒会那么大的震撼，但是它让人们完全相信：不只有法国的波尔多才能酿出顶级的好酒！

这次柏林盲品会就像1989年柏林墙的倒塌一样引发了翻天覆地的变化，使得世人能够不带有任何偏见地去品尝他们从未尝试过的葡萄酒。

不抛开那些固有的偏见

你永远都不会知道

新的世界里

……

……

还有个这么美丽的我在为你讲述一个个被尘封已久的故事。

【彩蛋】

罗斯柴尔德家族是如何晃动葡萄酒界的

还说啥酒庄？

不知道你有没有看过某科幻金融类阴谋论小说《货币战争》，在里面有个神奇的罗斯柴尔德家族，该家族不仅控制了美联储，还称霸了全世界，而且钞票能绕地球好几圈还会不小心撞上卫星的那种，

资产据说超过50万亿美元。

哦天哪你们家族还缺人么？特别会花钱的那种！

好吧，这个小说可能有点玛丽苏晚期了，然而罗斯柴尔德家族却不是瞎掰的。这本小说虽然有些荒谬，但这个家族曾经确实非常显赫。创始人梅耶·罗斯柴尔德是一个白手起家的银行学徒【原名迈尔·阿姆谢尔·鲍尔（Mayer Amschel Bauer），是个出生在法兰克福的犹太人】，他被誉为“国际金融之父”，欧洲银行巨擘。他创建了全球第一家跨国公司，国际金融业务也是由他首创的。

19 世纪中期，梅梅将他的 5 个儿子扔到了欧洲的五个重要的角落：伦敦、巴黎、维也纳、法兰克福、那不勒斯。

我曾经在拉菲的故事里介绍过五支箭这个 logo 的含义，然而我知道你不想往回翻。我想你从小就听过一个特别喜欢绕弯子说话的父亲的故事。爸爸叫来儿子们让他们掰筷子，越多越难掰断，然后孩子们顿悟了“团结就是力量”的深意。当然罗斯柴尔德家族听的是一个希腊故事，所以梅梅让私人画师借这个故事作了一幅画，画上五个儿子，揭示五支箭的意义。

家族里有一封家信这样说过：只要你们兄弟凝聚在一起，世界上没有任何一家银行能够与你们竞争、伤害你们，或是从你们身上渔利。你们合作在一起将拥有比世界上任何一家银行都要大的威力。

他们由此建立起了一个庞大的金融网络，将金

融生意扩展至全欧洲。英国政府开发苏伊士运河就是问他们家借的钱，在印度造铁路的也是他们家。梅梅创办了欧洲显赫银行集团，对欧洲经济和政治产生长达 200 年的影响。

钱太多了可能总会有一些我们无法理解的被迫害妄想症，罗斯柴尔德这个家族是通过关系紧密的家族成员间近亲结婚来防止财产流入外人田的。后来因为德国纳粹的迫害，罗斯柴尔德家族受到了致命的打击。随着金本位货币制度币制度（也就是用金子当钱）的土崩瓦解，这个家族产业垄断国际资本的神话也消散了。再加上一些投资上的失误，这个家族就没落了。所以说，千万不要近亲结婚！

如今的罗斯柴尔德家族只是一家在全球排名前 20 的投资银行，主要就是做做帮别人管钱的私人银行生意，规模也不大。银行一年的营业额不到 100 亿美元，利润不到 30 亿美元，大约就是行业龙头高盛的 1%。

不过除了曾经辉煌时添油加醋的传说以外，罗斯柴尔德被世人熟知并且依然觉得这个家族很牛，是因为他！们！的！酒！庄！

随着“给我来瓶 82 年的拉菲”这句装高大上必备口头禅的普及，如果你看过前面拉菲的故事，那你就会知道，作为拉菲的东家，罗斯柴尔德也跟窜天猴似的红了。

拉菲·罗斯柴尔德集团

BARON PHILIPPE DE ROTHSCHILD S.A.
Quelques hectares pour produire, et le monde entier pour vendre ...
罗斯柴尔德男爵

COMPAGNIE VINICOLE
BARON EDMOND DE ROTHSCHILD
埃德蒙·罗斯柴尔德集团

五大名庄中有俩都是罗斯柴尔德家族的产业——拉菲（Chateau Lafite Rothschild）和木桐酒庄（Chateau Mouton Rothschild）。这样看起来想必这个金融世家在葡萄酒界也是有着举足轻重的地位。大体来说进入了葡萄酒行业的罗斯柴尔德家族共有三支：

拉菲·罗斯柴尔德集团 (DBR)，

罗斯柴尔德男爵 (BPRD)，

埃德蒙·罗斯柴尔德集团 (Baron Edmond de Rothschild)。

拉菲·罗斯柴尔德集团是詹姆斯·罗斯柴尔德这个儿子成立的，我感觉这个儿子有点滥情，好像得了一种“不买酒庄引刀自刎”的病，走上了一条“买买买”的道路。

拉菲酒庄（Chateau Lafite Rothschild）

1868.8.8

詹姆斯·罗斯柴尔德男爵
购入在1855年
波尔多葡萄酒分级中
位列顶级一等酒庄的
拉菲古堡

正牌

副牌

CARRUADES de LAFITE
PAUILLAC

拉菲古堡　　拉菲珍宝

1946

埃利·罗斯柴尔德男爵

埃利·罗斯柴尔德男爵掌拉菲古堡。
当时的拉菲古堡仍带着二战时期留下的尚未愈合的伤痕，
埃利男爵挑起复兴酒庄的重任。

杜哈·米隆古堡（Chateau Duhart Milon）

1962

购入1855年分级中波亚克产区的
顶级四等酒庄杜哈·米隆古堡
帮助因动荡不断易主葡萄酒质量一路下滑的杜哈·米隆重回顶级酒庄

→ 杜哈·米隆古堡

→ 杜哈磨坊

→ 米隆男爵

莱斯古堡（Chateau Rieussec）

1974 埃里克·罗斯柴尔德男爵开始掌管拉菲·罗斯柴尔德集团

埃利男爵的侄子埃里克男爵开始掌管拉菲·罗斯柴尔德集团。对就是那个镜头很多的大叔。他一定是做了很多倍儿牛的事儿然后让手底下那些酒庄重回巅峰。
至此拉菲已经传到第五代了。

埃里克·罗斯柴尔德男爵

1984 购入苏俗产区在两个世纪以来不断易主、命运跌宕起伏堪比八点档的顶级一等酒庄莱斯古堡

莱斯古堡因为在两个世纪以来各种易主被拉扯，命运坎坷就如八点档狗血剧。这时候男主角——自拉菲·罗斯柴尔德集团收了它并用大把的爱（钱）砸它，用尽一生一世来使其跻身苏俗产区的一姐位置。反正就做了很多事：比如严格筛选然后还新建了酒窖（靠钱）提升酿酒工艺（还是靠钱）。2000年还开始了翻新工程（说白了就得有钱），一切从品质出发。

凯 萨 天 堂 古 堡（Chateau Paradis Casseuil）

1984 非常顺便的购入曾属于莱斯酒庄的凯萨天堂酒庄

凯萨天堂酒庄

凯萨天堂酒庄位于波尔多的两海之间，名称取用于一个叫做“卡瑟”的镇名，而且那里的村民觉得那里简直就是葡萄园的天堂，然后就这么叫了，虽然有点敷衍而且很难考究但确实挺名副其实的。

拉菲罗斯柴尔德集团为什么买这家面积只有14公顷的酒庄呢？因为这家酒庄曾经是莱斯古堡的财产，所以不买也得买（科科）它跟莱斯古堡一起经历了动荡的八点档狗血命运。后来跟了大金主之后又扩张了9公顷，而且不知道是不是因为不受宠它只生产凯萨天堂干红葡萄酒这一款酒。

巴斯克酒庄（Vina Los Vascos）

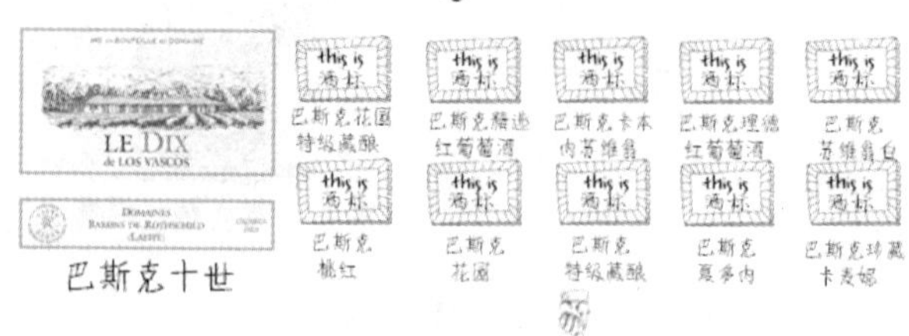

巴斯克酒庄是智利第三大酒庄——桑塔丽塔酒庄（*Santa Rita*）和拉菲（*Lafite*）合资建成的。
酒庄是十六世纪时爱冒险的西班牙开拓者带了一堆小苗儿插在了智利的土地上然后酒庄就觉得该出现了。
酒庄的成名跟英国作家*Hugh Johnson*有点关系。
对就是那个很会写葡萄酒故事的人。他夸完酒庄没多久拉菲就来投资了然后就这么红了起来。然后开始改造葡萄园（不差钱）改良剪枝技巧（不差钱）改良产量（不差钱）还造了个池塘（就是不差钱）现在这个池塘变成了野鸟的聚集地。

乐王吉古堡（Chateau l'Evangile）

乐王吉古堡　　　　乐王吉徽纹

17世纪中叶乐王吉古堡最初以“法兹勒”的名字被雷格利兹家族拥有着。然后被一个律师买下改名为乐王吉。乐王吉在法语里的意思是“福音”，果然，姓名决定着一个人的一生。然后就真的成了波美侯地区名副其实的福音。

乐王吉在波美侯产区的地理位置得天独厚，被罗斯柴尔德收了之后都用顶级酒的标准来甄选，并创酿了副牌拉菲罗斯柴尔德乐王吉徽纹（右图）
*1998*年葡萄园进行了翻整并且重新栽种，*2002*年开始全面扩建。
不为别的就是因为有钱。

岩石古堡（Chateau Peyre-Lebade）

1979 虽然岩石古堡最初是埃德蒙·罗斯柴尔德男爵买回来的但是现在也属于拉菲罗斯柴尔德集团了。我们只care结果。

岩石古堡

法国杰出的象征主义画家奥迪伦·雷东的父亲——贝特郎·雷东曾是岩石古堡的主人。作为家族成员的奥迪伦，也对这片土地充满了迷恋之情，所以，他大部分最著名的作品题材都与这片土地有关。

1979年埃德蒙·罗斯柴尔德把酒庄买下，开始大规模的翻建翻新，砸了很多钱之后，酒庄也不好意思不崛起了。现在酒庄的主人是埃德蒙的儿子本杰明·罗斯柴尔德，由拉菲罗斯柴尔德集团主管其市场销售，总的来说现在还是属于DBR的。

凯洛酒庄（Bodegas Caro）

阿根廷棉多萨产区的凯洛酒庄项目

凯洛酒庄

凯洛安第斯

凯洛爱汝

凯洛马尔贝克

拉菲罗斯柴尔德集团与阿根廷生产高品质葡萄酒的楚翘卡氏家族联手合作，凯洛酒庄闪亮登场。这不仅是两大家族的相遇，也是两大标志性葡萄品种——马尔贝克与卡本妮苏维翁的激情碰撞boom 以棉多萨最优质葡萄园为基础，孕育酒庄佳作。凯洛酒庄也被誉为阿根廷拉菲。

奥希耶古堡 （Chateau d'Aussieres）

复兴朗格多克科比埃产区的奥希耶古堡

奥希耶古堡

反正有
奥希耶徽纹、奥希耶特爱丝、
奥希耶红、奥希耶白、
奥希耶西慕、雾禾山谷红、
雾禾山谷白这么些
图标你自己脑补吧。

奥希耶古堡是法国朗格多克产区最古老、最美丽的酒庄之一。拉菲·罗斯柴尔德集团购得之后通过逐步补植167公顷的葡萄树及翻新酒厂，开展起大规模的整修工作，旨在复兴这个美丽的酒庄。

后来詹姆斯想了想现在没钱又爱装的人占全人类比例较高，于是借着拉菲的名牌效应做起了一些相对亲民的酒。

说出来你可能不信
是酒标自己逃跑的

幡然醒悟之后，罗斯柴尔德男爵开始酿制一些柔顺易饮的“男爵珍藏”葡萄酒，用以在日常生活中同亲朋好友分享（主要方便装哔）。后来，为使该种风格的葡萄酒扩大影响力和生命力，拉菲·罗斯柴尔德集团决定为葡萄酒消费者提供经典且可以日常享用的波尔多美酒（主要为了给平民装哔），推出了“精选（Collection）”系列葡萄酒。

而买下木桐的是另一个儿子菲利普·罗斯柴尔德，你一定会说：

那我不得不又提一遍合资建立作品一号酒庄的罗罗 CP 了。

是的，又是他！

罗斯柴尔德男爵集团（BPDC）就是他建立的，他手下的酒庄虽然不多，但是个个都是响当当的，相对比较专情。硬要选的话，我比较想选他当老公。

（脸：你又不要我了 .jpg）

木桐酒庄（Chateau Mouton Rothschild）

1853 菲利普男爵的高曾祖父纳撒尼尔 · 德 · 罗斯乔德男爵购入木桐酒庄

你看向这行字的时候就说明你想了解木桐酒庄的故事。既然这样你还是往前翻木桐酒庄专篇吧因为我懒得再写一遍了。
最初买下这个当时只有37公顷主要种植赤霞珠、住在拉菲隔壁的酒庄的是菲利普男爵的高曾祖父纳撒尼尔 · 德 · 罗斯乔德男爵。

木桐：我现在可是尊贵的二级庄了(抖抖)还不跪下。

曾祖父虽然买下了酒庄,家族也代代在改善葡萄园和酿酒上努力,然而谁也没有亲自在波尔多经营酒庄。为此姥姥不疼舅舅不爱的木桐表示很伤心。
这时候暖心boy菲利普男爵出现了，成为家族第一个认真经营酒庄的人。
菲利普建立新的管理制度，改善葡萄园，革新了技术。将木桐酒庄从他入主时的一个农村庄园变为世界先进的顶级酒庄。由于木桐酒保持高质量，so酒的价格一直在最高之列，有时还超过四大顶级酒庄的酒价，菲利普：我们打怪要求升级。

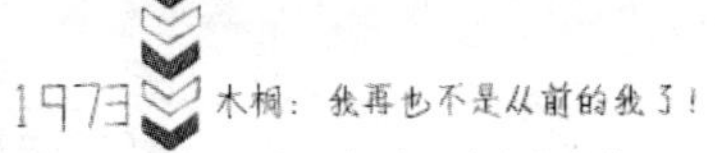

有了菲利普男爵的疼爱之后经过了20年的努力，木桐酒庄终于正式升级为一级庄。NO.1 是波尔多分级后唯一升级为一级葡萄园庄的酒庄。从此，木桐酒庄成为法国波尔多五大顶级酒庄之一。酒庄现在已经是最吸引人的地方之一，来自世界各地的葡萄酒和艺术爱好者视这儿为心中的圣地,这儿不仅能买到当年路易十四喝的顶级好酒，还能参观酒庄著名的藏画和珍贵的酒标原作。而酒庄的葡萄酒艺术博物馆也非常闻名，是欣赏葡萄酒与艺术的上佳博物馆。

达麦酒庄（Chateau d'Armailhac）

1933 彻底的拥有达麦酒庄

达麦酒庄
Chateau d'Armaïlhac

达麦酒庄位于波尔多左岸梅多克产区，挨着一级名庄木桐酒庄和拉菲古堡。酒庄最早属于很有名的葡萄王子尼古拉斯·亚历山大·西格尔，然后被分割易主，其中一部分就给了木桐。这些都不重要，反正之后没多久就全部卖给了菲利普男爵，酒庄更名为木桐-菲利普男爵。菲利普是个痴情的boy，他为了纪念已故的妻子，又将名字改为木桐-菲利普男爵夫人。酒庄这时心里是崩溃的，但最后菲利普的闺女菲丽萍还是将名字改回了达麦酒庄。

克拉·米隆酒庄（Chateau Clerc Milon）

克拉·米隆酒庄
Chateau Clerc Milon

酒庄紧挨着拉菲、木桐、杜哈米隆，大家都扎堆的。因为村名叫米隆，1855年被评为五级庄的时候拥有者叫克拉所以最后叫了这个名字。然后没多久主人也死了酒庄进入了各种易主动乱，最终萧条沉寂。后来庄主实在不想经营了，然后菲利普男爵就买下了酒庄并加以翻新，更新技术引进不锈钢发酵和温控系统使得酒庄重返当年的辉煌

作品一号酒庄（Opus One，与蒙大维酒庄合作）

1979 菲利普男爵和罗伯特·蒙大维合作建立作品一号酒庄

作品一号
Opus One

菲利普男爵用自己的理念改变了葡萄酒的世界：他推出了酒庄装瓶方式，委托最伟大的艺术家设计葡萄酒的酒标，与合伙人罗伯特·蒙大维于1979年共同创立了举世闻名的作品一号酒庄。
好了我说完了。太短？不会往前翻？

活灵魂酒庄（Almaviva Winery，跟喜欢讲鬼故事的干露酒庄合作）

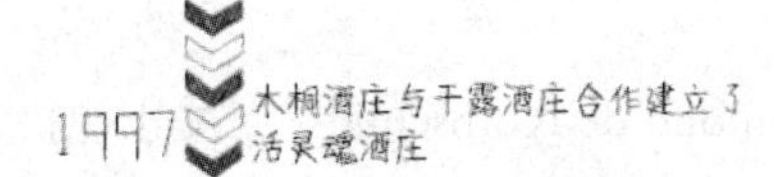

活灵魂酒庄
Almaviva Winery

我们都知道，智利有着得天独厚的风土，是酿造葡萄酒的天堂。然而酿出的酒却无法摆脱“廉价”的标签，干露酒庄当时有点蒙圈。他们不禁问自己：为什么！为什么！终于，他们意识到了：我们需要灵魂！画龙点睛的灵魂！然后就邀请了红葡萄酒界独一无二的“灵魂人物”菲利普男爵一起建立了活灵魂酒庄。对，姓名决定人的一生就是这样。

活灵魂的酒标也很特别需要特意提一下，酒标上的圆形图案表示的是马普彻人时代的地球和宇宙。所以这是一个很宏观的酒标？这个标识出现在一种宗教典礼时所用的鼓上，表现了酒庄对智利历史和文化的尊重。在这个圆形图案两旁，写着两个名字：“罗斯柴尔德男爵”和“干露酒庄”。

拱男爵酒庄（Domaine de Baron'arques）

1998 菲利普·罗斯柴尔德男爵和他的两个儿子收了百废待兴的拱男爵酒庄

拱男爵酒庄
Domaine de Baron'arques

17世纪就存在的原名叫朗博庄园的这个酒庄，命运也是很坎坷崎岖的，不断被易主而且好像每个主人都不爱它的样子。满身伤痕的酒庄被继承人谢罗律师卖给菲利普男爵和他俩儿子，这个时候的酒庄已经陷入窘境百废待兴了，葡萄园和酿酒设备也都已陈旧，新东家花了五年时间才完成了翻新工程。
在罗斯柴尔德家族的不断努力之下，拱男爵酒庄也和集团的其他酒庄一同傲立于世。

同样的他也做起了价格实惠的亲民生意

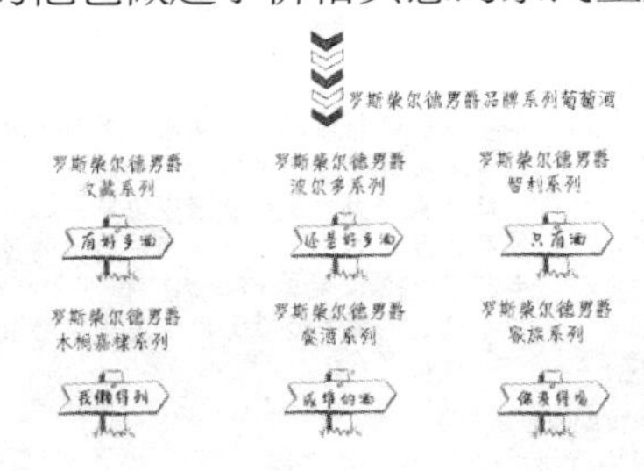

相比之下，埃德蒙·罗斯柴尔德的名气和规模就小得多了。

成立了埃德蒙·罗斯柴尔德集团（Baron Edmond de Rothschild）。反正也拼不过其他俩兄弟，索性就玩点不一定能百度得到的小酒庄。

（当然你使劲百度应该是可以找到的）

克拉克酒庄 （Chateau Clarke）

埃德蒙·罗斯柴尔德集团：天空一声巨响，老子闪亮登场

埃德蒙·罗斯柴尔德男爵买下克拉克酒庄

克拉克酒庄
Chateau Clarke

酒庄位于法国波尔多里斯特哈克产区，是波尔多特级酒庄联合会的成员之一。从18世纪起，来自爱尔兰的克拉克家族就一直在经营着该酒庄，并且以家族的名称为酒庄命名。然后估计也是不想管了就把酒庄卖给埃德蒙男爵了，然后经营得风生水起，一直奔着高品质的葡萄酒而去。

石竹酒庄（Chateau Malmaison）

埃德蒙·罗斯柴尔德男爵买下石竹酒庄

石竹酒庄
Chateau Malmaison

早在中世纪时期，石竹酒庄的葡萄园就由一些庄主和众多宗教教徒建立起来。酒庄位于法国波尔多穆利斯产区，就在克拉克酒庄隔壁，所以就一起被埃德蒙男爵买走了。曾经一度被遗弃的酒庄获得了新生。1997年以后，娜迪娜·德·罗斯柴尔德男爵夫人根据其丈夫的遗愿，一直在续写该酒庄的历史。

岩石古堡（Chateau Peyre-Lebade）

1979 埃德蒙男爵将岩石古堡买下

岩石古堡

Peyre-Lebade

法国杰出的象征主义画家奥迪伦·雷东的父亲——贝特朗·雷东曾是酒庄的主人。作为家族成员的奥迪伦，也对这片土地充满了迷恋之情，所以，他大部分最著名的作品题材都与这片土地有关。

然后埃德蒙男爵就看上了这片充满艺术气息的土地，毫不犹豫地买下来并且大规模去翻建翻新，数度砸钱之后酒庄终于崛起。现在酒庄的主人是埃德蒙男爵的儿子本杰明·罗斯柴尔德，由拉菲罗斯柴尔德集团管理酒庄的市场销售。

鲁伯特&罗斯柴尔德酒庄（Rupert & Rothschild Vignerons）

1997 罗斯柴尔德与鲁伯特酒庄合作鲁伯特&罗斯柴尔德酒庄

鲁伯特&罗斯柴尔德酒庄

Rupert & Rothschild Vignerons

酒庄位于 *Simonsberg Mountain* 脚下，历史最早可追溯到1690年，当时还只是一个农场，但在97年出售埃德蒙·罗斯柴尔德集团与南非鲁伯特家族。鲁伯特家族和罗斯柴尔德家族都拥有悠久的葡萄种植和酿造的历史，二者都有一个目标：“创造顶级的新世界葡萄酒”。

酒庄出产的第一个年份就获得一致好评，一跃成为南非顶级红酒行列，被誉为“南非小拉菲”

麦肯酒庄（Macan）

2000 联合西班牙顶级酒庄打造了麦肯（*Macan*）葡萄酒

实在找不到酒标你将就看

埃德蒙集团认为在西班牙产区也能酿造出顶级好酒，于是喊来了西班牙顶级酒庄贝加西西利亚酒庄打造了麦肯（*Macan*）葡萄酒。2000年又添置了110公顷的葡萄园，然后……直到……2009年终于开始酿酒了，当然是一致好评。（我敢写不好吗口可口可）

劳蕾丝酒庄（Chateau des Laurets）

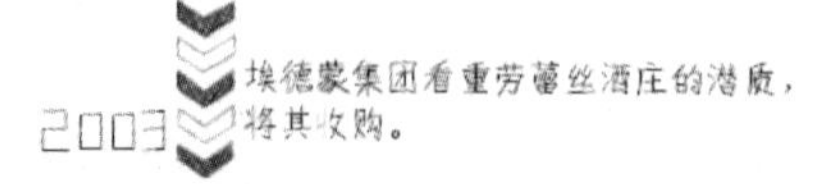

2003 埃德蒙集团看重劳蕾丝酒庄的潜质，将其收购。

劳蕾丝酒庄
Chateau des Laurets

劳蕾丝酒庄位于法国波尔多右岸的圣埃美隆产区，创建于1860年，有着“右岸小拉菲”的美誉。埃蒙德集团收购了他之后，为了追求顶级佳酿，不惜降低产量，更新发酵设备，手工采摘，温控处理。

玛珑城堡（Chateau des Malengin）

2003 收购了玛珑城堡

玛珑城堡
Chateau des Malengin

本杰明将位于右岸圣艾米隆产区的玛珑城堡收入。*Malengin*是中古世纪一座建于石灰岩高地的堡垒，如今则成为酒庄的象征性建筑。自从罗斯柴尔德家族接手后，葡萄园的维护成为酒庄最重要的工作之一；酒庄刻意降低产率以维持高质量的葡萄，并只在葡萄达到完美的熟成时才加以采收。

安第斯之箭（Flechas de Los Andes）

2003 埃德蒙罗斯柴尔德集团与*Laurent Dassault*共同创办了安第斯之箭酒庄。

安第斯之箭
Flechas de Los Andes

第斯之箭酒庄是埃德蒙罗斯柴尔德集团与*Laurent Dassault*共同创办的。90年代末的尤克谷在阿根廷还是一个不知名的产区，但*Laurent Dassault*看重这个产区的潜力，在这儿绝壁能酿出顶级好酒，然后喊上了埃德蒙罗斯柴尔德集团一起创立了酒庄。

如今的安第斯之箭酒庄已然成为阿根廷知名的酒庄，尤克谷也顺势成为了阿根廷知名的产区。

瑞梅皮尔（Rimapere）

2009 埃德蒙罗斯柴尔德集团创立了瑞梅皮尔酒庄

瑞梅皮尔酒庄
Rimapere

买了这么些酒庄都是酿制红葡萄酒的，此刻埃德蒙罗斯柴尔德集团意识到，这样是不够霸占所有消费者的，还需要一些精品的白葡萄酒。然后就在新西兰马尔堡产区创立了瑞梅皮尔酒庄。瑞梅皮尔在毛利语中意为“五箭”，“哎哟就这么巧跟我们家标志一样”然后就叫瑞梅皮尔了。
这里主要种植上乘的长相思和黑皮诺

有句话这么说来着：

“在金融业不知道罗斯柴尔德，就如同士兵不知道谁是拿破仑，学物理的不知道爱因斯坦一样不可思议！”

然而这个曾经让地球抖三抖的金融世家，最持久的生意居然是：

葡！萄！酒！

在这个世界，每件事情的价值似乎都可以用时间估算出来：倒一杯酒，需要三秒；写一张明信片，需要六分钟；与好友一起看一部电影，需要两个小时。那么用心喜欢的东西又需要花多久去实现？

或许你还会记得自己曾迷恋过的画画、迷恋过的游泳，热血过的篮球和追慕过的摇滚明星。后来，因为忙碌因为疲惫，你所爱的似乎永远遥不可及，最终你与它们走散。此后这样的场景时有出现，一个又一个的梦还未绽开就已陨灭。人生有太多种选择，如果你也曾为了什么而沉醉过、感怀过、探求过，那你一定会理解我们做这本书的初心。

我们明白一切的成就都由最初始的兴趣使然，

尽管时间能冲淡激情，却不能冲垮真挚的初心。在这样的驱使下，我们做出了“dr.wine 赞赏文库”的第二本书。它和我们做“dr.wine”移动应用的初心完全一致，就是让那些喜欢葡萄酒的人，不只是怀揣着空白的热情，而是能切实地投身到自己感兴趣的那个世界里，与同道中人一起交流成长，并找到自己的一席之地。无论是做葡萄酒 APP，抑或是一本关于葡萄酒的书籍，只要能让喜欢酒的人从中受益，不觉得自己是在孤军奋战，那么我们的一切努力就都有了价值。

在写这本书的过程中，我们也明白了什么是真正的沧海一粟，这个比喻听起来似乎不那么恰当。但只有体会过如何在累牍连篇的资料与积累中挖掘找寻，体会过如何在最爱与必要中反复取舍，才能知道我们是怎样将那些闪闪发光的点子拼接在一起，以此令它们发出更加耀眼实用的光芒。

在做这本书的过程中，我们每个人都能从编辑的点滴中，与从前的那个自己不期而遇。那个叫嚣着、狂热着，最后得到了一切的中二少年，在字里行间的夹缝中，重新鲜明起来。宛如折射出我们过去在人生道路上那番狠狠的不甘的意气追逐。

幸运的是，因为你们，也因为我们的坚守，最终成功了。但时间是如此强大，在它面前任何的稍微不留意都有可能在下一秒溃不成军，它禁不起犹豫和寡断，也不会无限制地放纵我们空想。如果时到如今的你，依然会因为什么而热血沸腾，那是时候做点什么了。哪怕缓慢，但只要坚定，最终会成就最初希冀的自己。

希望所有人都可以不再轻易地与曾经的初心失散在时间的洪流里。

因为你的赞赏让更多喜好葡萄酒的爱好者们期待成真。也因为你的赞赏让我们实现了梦想，令我们的初心和努力可以被更多人所见证，在此感谢为我们赞赏、贡献一己之力的你们：

唐勇、袁晓斌、陈宇雷、鲁斌、宋杨欢、阿拉叮神灯、王子、严绍辉、杨滟秋、探长与大盗、苏冠琳、陈楠、高宁、HAO、唐赛超、陈立科、杜磊、王正翊、李耀辉、陈波、耿君、包文斐、胡海平、樊莹莹、卓文芳、费玉祯、刘兰海、张莉莉、辜八军、吴俊明、王禹、李宇科、尹梦龙、库洛洛、张堃、付学斌、刘婷、秦晶、钱燕燕、侯锦标、郭秀玲、霍中彦、刘君、高文莉、张燕、Ramble、傅盛裕、刘剑、祁琪、郑天欢、王威特、郭翔、刘鑫 William、酒点一刻、黄松高、王细方、姜淼、温媛媛、邵岭、

陈轶华、张杰、世葡杰哥、张予平、王顺寅、Erica Tang、李方毅、潘鹂声、刘晓丹、李静、吴翀、童文明、Yvonne Xie、施丹菁、Ava Hong、Raymond、郑龙、Wenjun Zhang、李煜华、刘燕、Rebecca、过继华、张勇、孟孜、林琳、郦泓、陈玮丽、Jessica SHEN、周云煜、孙德生、李伟杰、吴江孙、应允芳、章毅、陈倩、洪成根、王文鹏、周文武贝、诸言明、穆杨、黄伟、梧桐、尹伊君、陈琪卿、Rachel 千夏、黄诗颖、爱葡萄酒的胖叔、金耘、Max 薛、蛋姐、沈正平、段超、Annie Yu、蔡耀宗、张曦、向京晶、甲天、许维、刘玲、欧志萍、Darkley、李婉、徐法拉、卞晓晨、胡博容、俞鲲、candy、王珠芬、沈军、张洪亮、Nevaeh、钱飞琼、王超骏、段雅玲、曹健、胡柯、赵艳、朱莉娅、付爱军、顾鹏宇、王小姐、徐均、飞行酿酒师、范春华、雷柯斌、熊三木、陈序、褚宁。

也感谢为赞赏援助一臂之力的企业们：波尔多葡萄酒行业联合委员会、合鲸资本、摩拜单车、幼狮传播、明道协作、赞赏、贵州金丘葡萄酒文化传播有限公司、澳洲红五星盖利酒庄、上海临港文化产业发展有限公司、广州市天诺营销策划有限公司。

我们相信再小的梦想也有光芒，那么我们现在唯一能做的，就是时刻在路上。

— Thank you for reading —

特别鸣谢“盖利酒庄（Galli Estate）”赞赏

盖利酒庄（Galli Estate）位于澳大利亚著名的维多利亚州（Victoria State）葡萄酒产区，是当地享有盛誉的酒庄。酒庄的葡萄园经过精心选址，位于维多利亚州的希思科特（Heathcote）和森伯里（Sunbury）地区附近，在葡萄园管理和葡萄酒的酿造过程中，一直秉承着“有机生产与环境保护”的原则，管理者在葡萄园的灌溉和施肥上尽量不使用人工化学物质，在葡萄发酵过程中只使用天然酵母，最大程度地减少人工干预活动。因此，酒庄出产的葡萄酒不仅新鲜纯美，而且芳香十足，口感优雅而独特。

酒庄设有专项基金，用于帮助和支持专业人士以及葡萄酒爱好者对于葡萄酒相关领域的探索。

2016 年起，酒庄以资金赞助和免费产品支持中国大学生葡萄酒联盟的一系列公益活动和比赛项目，并让首席酿酒师走入校园，走进教室，与热爱葡萄酒的同学们面对面交流。

更进一步与中国葡萄酒盲品大赛合作，派遣首席酿酒师和中国区代表亲赴全中国数十个分赛区与各地组委会和参赛选手进行品鉴交流。

酒庄首席酿酒师 Ben Ranken 先生，以其深厚专业素养及敬业态度，荣幸受邀成为第四届中国葡萄酒盲品大赛全国总决赛的评委。